森への招待状

米沢周辺で撮影した生き物たち

近 芳明
Kon Yoshiaki

風詠社

はじめに

私の育った米沢市は、山形県南部に位置し、周囲を山に囲まれた盆地で、夏は暑く、冬はたくさんの雪が降る。近くには吾妻山を仰ぎみ、遠くには飯豊連峰、朝日連峰、そして蔵王連峰を見ることができる。しかし、米沢では、近くにそびえる斜平山（なでらやま）を故郷の山と思う人が多い。東京などに出稼ぎに出かけた人などは、3月下旬ころになると「斜平山がなでこけだころだろうな」と故郷を懐かしむ。斜平山はそんな山である。

押入れの古いアルバムを開くと、幼い頃の姉と私の写真を見ることができる。二人の手には山菜が握られている。おそらく、家族で斜平山に山菜を採りに来た時に、父のカメラで撮影されたのだろう。昭和34、5年の頃である。その頃は、生活と自然がごく普通につながっていたような気がする。

私達が子供のころの遊びといえば、めんこやビー玉、かくれんぼ、トランプなどでコンピュータゲームなどは全くなかった。雪が消え始める春になると、固まった雪の上を歩いて大きな川の岸辺まで行き、枯れ葉を燃やして、ジャガイモを焼いて食べたりした。また、夏には、川に入り、ヤスを使ってカジカ突きに熱中した。もちろん、捕まえた獲物は、河原に落ちている小枝を燃やし、焼いて食べた。秋には、田んぼの稲が刈り取られると、そこは格好の遊び場と化す。脱穀した稲わらが田んぼの中に大きく積み上げられると、さっそく、悪ガキどもは、中のわらを抜き取り、洞窟をこしらえ秘密基地をつくり、遊んだ。子供の遊びも自然とつながっていたようにおもう。

今の子供たちの現状はどうだろうか。外で遊ぶ機会が減っているようにおもう。特に都会の子供たちは、日々学習塾や習い事に忙しいようにみうけられる。ハイキングに出かけようと、若い人に声を掛ければ、わざわざ疲れに行くわけと返事が返って来ることも多い。

この本は、私が米沢周辺を自転車で走りまわり、気になった植物や昆虫などを撮影したものがたくさん載せてある。タイトルにあるように、これは招待状である。誰に送られるかといえば、それは今の子供たちである。私の願いは、この本を通して、子供たちが少しでも自然に興味を抱き、できれば近くの森に出かけて、実際に花や木、昆虫などに直に触れてほしい。自然のなかに身を置くことで、自然そのものを直に感じてほしい。そうすることによって、子供たちは、こころ豊かに成長すると信じているからである。

斜平山をバックに

目　次

春の森

3月、4月、5月ころ

雪解けのころ

雪国の雪解けは、このように樹木の周囲や川岸、丘の上などから始まる。樹木の周囲の雪解けが早いのは、樹皮に当たった太陽の熱が、地面に伝わるためである。川岸では、いち早くフキノトウが顔を出したり、ネコヤナギがネコを出したりする。これらの場所は春が早い。

マルバマンサク（丸葉満作）

長い冬が終わり、フキノトウやネコヤナギが活動を始める頃、山では多くの樹木はまだ眠っているようだ。しかし、このマンサクだけは、他の樹木よりいち早く開花するので、山でこれを見るとうれしくなる。線形の４枚の花弁が特徴である。花弁を見ると、クラッカーに入っている細長いチリチリした紙を連想するのは私だけだろうか。

フクジュソウ（福寿草）

米沢から福島に抜ける国道 121 号線を、自転車で走っていると、雪の残った丘に黄色い花を見つけ近寄ってみた。そして驚いた。フクジュソウの大群落であった。誰かがそっと増やしたものか、あるいは自然に増えたものか。興奮しながら考えていた。

キクザキイチゲ（菊咲一華）

雪が解け、土が顔を出すといち早く開花するスプリング・エフェメラルの一種。花弁の色は白から薄い青までいろいろ。スプリング・エフェメラルの仲間は、周囲の植物が成長するまでの短い時期に開花し、子孫を残す。その後は草丈の高い植物の下でじっと来年を待っている。

アズマイチゲ（東一華）

花弁の色は純白のみで、キクザキイチゲのように多様ではない。キクザキイチゲとの区別は、葉の形で判断できる。キクザキイチゲの葉は名前の通りキクの葉に似て葉の縁にギザギザがあるが、アズマイチゲの方は葉のふちが丸くなっている。

ヤマエンゴサク（山延胡索）

スプリング・エフェメラルの仲間は、春に急速に成長するために、根や茎に栄養を貯め込む。この種類も地下茎に栄養を貯め、大きく肥大し塊茎と呼ばれる。アイヌの人たちは、食用にしたらしいが、米沢で知られる「かてもの」には見ることができなかった。

キバナノアマナ（黄花の甘菜）

現在は使われていない、斜平山キャンプ場から少し登ったところに昔カタクリ園があった。園の周囲はお花畑となっていて、カタクリ、キクザキイチゲ、ヤマエンゴサクなどが咲き乱れている。そのなかにポツポツとこの花が見られた。数は多くない。

カタクリ（片栗）

スプリング・エフェメラルの一種。地下の鱗茎には多量のデンプンが含まれ、片栗粉として利用された。米沢の人は、葉も乾燥させて食べるが、花が咲く葉を２枚もつ個体から１枚だけ頂くことが山菜とりの仁義となっている。

ショウジョウバカマ（猩猩袴）

ロゼット状に広がった根生葉は袴に似ているのでこの名がついた。また、猩猩とは中国の伝説上の動物で、花の色が赤いからである。春、雪が解けるといち早くこの花に出会うが、夏の夜空を彩る花火のイメージがある。

イワナシ（岩梨）

雪解け間もない頃、枯れ葉の間から緑の葉とピンクの花を見ると、春がやってきたと実感できる。この植物は草本ではなく、立派な常緑の木本。梨と名前がついているので、果実（右図）は食べられる。果実を使ってジャムをつくるひとがいるそうだが、どれだけの数を集めなければならないのだろう。

スミレ（菫）

スミレの名は、花の距の形が、大工さんが使う墨つぼに似ていることからくるという説がある。

スミレには、地上茎が発達しないタイプと発達する別のタイプがある。この種は、地上茎が発達しないタイプ。葉の形は、細長い三角形で、先端は丸くなっている。秋に、閉鎖花をつくり、種をつくる。種には、アリが好む物質が含まれる。

ナガハシスミレ（長嘴菫）

別名はテングスミレ。スミレの花の構造は、２枚の上弁、２枚の側弁さらに１枚の唇弁からなる。この唇弁の後端が袋状となり距（きょ）と呼ばれる。この距の長さがテングの鼻のように異様に長いためこの名がついた。米沢周辺では、よく見られる。

残雪のうた

春にあぶりだされて
それはくっきりと見えてくる
晴れた吾妻中大嶺の峯近く
剣をたばさみ槍をかまえて
かっと駆け下りるかのように
白く躍動する
白馬の騎士だ
ひと冬を
深雪のなかに立ちはだかって
山の平安を祈りつづけた彼
別れの声が
ああ空にひるがえっている
山はそのとき
冬のねむりからいっ気に目覚めて
しずかに息づきはじめる
陽のひかりは剣を抜く間もあたえず
騎士を射落とし
白馬の脚をはらう
だからその夜はひとつの水炎となって
闇を切裂きながら
とうとうと
最上川の源流を落ちてくる
はげしい声を聞くだろう

置き去りにされた
わたしの想いだけが
山肌にはりつく

近梅子詩集　花雑巾より

スミレサイシン（菫細辛）

この植物の名は、葉の形があとで紹介するウスバサイシンの葉に似ていることに由来する。両側に樹木があるような林道の脇などで見かけることが多い。また、サイシン（細辛）とは、葉柄が細く、根に辛みがあるという意味。

ツボスミレ（坪菫）

坪とは庭の意味で、庭などに生えるスミレの意味。また、この種類は、地上茎が伸びる有茎種の仲間で、また花の色が白いのでわかりやすい。このスミレの別名をニョイスミレ（如意菫）ともいう。如意とは、僧が持つ棒状の道具。

タチツボスミレ（立坪菫）

日本全国、平地から山地までごく普通に見られるスミレ。地上茎が立ち上がるからタチ（立）の名が与えられた。米沢周辺でも、田の畔道、道端、草原などで容易に見つかる。近縁種にオオタチツボスミレがあるが、距の色が見分けるポイント。

ウスバサイシン（薄葉細辛）

非常に変わった花を咲かせる仲間である。花は、暗紫色で壺型、地面につくくらい低い位置につく。花弁のように見えるのは萼片で、先が３個の萼裂片に分かれる。葉は、薄く卵心形で光沢はあまりない。カンアオイは冬でも葉が枯れないが、本種は、冬は葉を落とす。種子の散布はアリが行っている。ヒメギフチョウの食草としても知られている。

ニリンソウ（二輪草）

春を代表とする花で、米沢周辺では多く見られる。１本の茎から２本の花茎を伸ばし、２輪の花をつける。これがニリンソウの名の由来となった。しかし、１輪、３輪の個体も見られる。若い葉は山菜として食べられるが、有毒植物のトリカブトの葉と似ているので注意。

キバナイカリソウ（黄花錨草）

花の形が船の錨に似ているため、このように呼ばれる。斜平山周辺ではよく見かける。花の形も特徴があるが、葉も２回３出複葉で特徴がある。小葉の形は、卵形で、縁に毛がある。花が紫色のイカリソウを探すが見つかっていない。

ミズバショウ（水芭蕉）

バショウの名前は、芭蕉布の材料のイトバショウの葉に似ていることが由来といわれている。また、湿地を好むので、ミズバショウの名がついた。米沢周辺では、乾燥化が進んだせいか、個体数は減少傾向にある。純白の仏炎苞と場ばれる苞が特徴。この苞に囲まれた花序には、たくさんの小さな花が見られる。

ネコヤナギ（猫柳）

川辺は雪解けが早い。そんな川べりでいち早く花を咲かせるのが、この種。銀白色の花穂が美しく、また手触りもやさしい。この手触りが猫を連想させるのか。雌雄異株のため、雄株と雌株がある。夏に、綿毛に包まれた種子が風に飛ばされる。

タムシバ（田虫葉）

似た種類にコブシがあるが、コブシは花の下に葉が１枚つくが、タムシバは葉がつかない。また、葉の裏の色が、コブシが緑に対して、タムシバが白っぽい。葉を噛んでみると、甘みを感じることなどから区別できる。タムシバの別名をニオイコブシと呼ぶ。花に芳香があるから。

オオカメノキ（大亀の木）

花は、アジサイと同様に、中央に小さな両性花と周辺には、大きな花弁をもつ装飾花からなる。装飾花は昆虫に対するアピールが役目である。葉は、丸く彫の深い葉脈が特徴である。また、形が亀の甲羅に似ているため、この名がある。別名はムシカリという。冬芽の形が面白い。

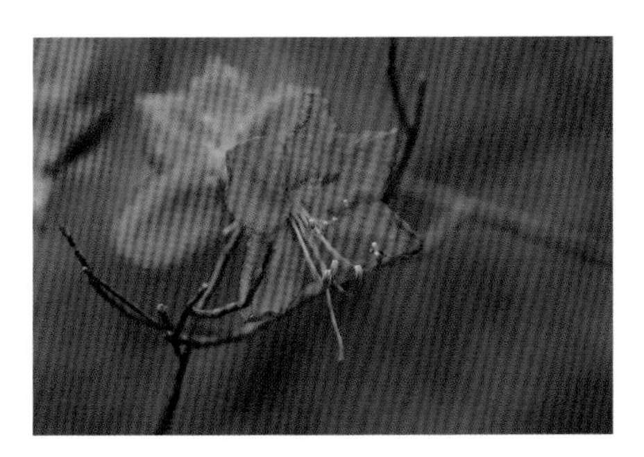

ムラサキヤシオ（紫八汐躑躅）

国道 121 号線を福島県側に行く途中に旧八谷鉱山がある。そこまで行くと、このツツジに会うことができる。斜平山では見たことがなかったが、裏側のおその沢を登っていったところで、この花を見つけた。山で見かけるツツジ属には、レンゲツツジやヤマツツジがあるが、花の色が異なることや、咲く時期が異なるので区別ができる。

イタヤカエデ（板屋楓）

青空を背景に、早春のイタヤカエデの黄色の花が美しい。葉が茂る前に花が咲くのは、受粉を手伝う昆虫類に見つけてもらうためという説がある。葉は、掌状で浅く裂け、裂片には鋸歯がない。イタヤ（板屋）の名は、葉がよく茂り、板で葺いた屋根のようであるという説がある。

ヤマナラシ（山鳴らし）

春、まだ雪が残る時期に、ヤマナラシは、花をつける。葉は、花が終わってから展開する。樹皮には特徴的な菱形の皮目（右図）が見られる。ヤマナラシの名の由来は、風が吹くと、葉どうしが触れ合って、サラサラと音が出るからである。別名のハコヤナギは、材から箱をつくったことによる。

ユキツバキ（雪椿）

斜平山で見られるツバキはユキツバキ。ヤブツバキとの違いは、花糸の色、花弁の先の形態、葉の葉脈の違い、さらに葉柄に毛があるかないかなど。ユキツバキは、ヤブツバキが多雪地帯に適応するように、樹形が地を這うような形になっている。

キブシ（木五倍子）

早春に、葉が展開する前に、黄色の房状の花をつけ、まだ眠った森や林に彩りを添える。雌雄異株で、雄株の花は黄色で、雌株の花は緑がかる。五倍子とは、ヌルデの木にできる虫こぶの一種で、染料として利用された。キブシの実は、五倍子の代用となったのでこの名がある。

春の野山へ

春の斜平山で遊ぶ子供たち。このようなシーンは、昔は多くあったのだろうが、現在は、ほとんど見られなくなった。子供たちは、急な斜面をころげまわっていた。近くには、それを見守る大人の姿も。この急斜面の下は、なだらかになって、カタクリやキクザキイチゲの咲くお花畑となる。桃源郷とはこのような場所をいうのだろう。

ホタルカズラ（蛍葛）

新潟に住む、T君が米沢に来た時、この花の存在を教えてくれた。周りの草が伸び切らない春の早い時期に、青紫色の美しい花が点々と見られる様を、闇に光るホタルのようだからというのが名前の由来らしい。葉は、冬でも枯れない。触ると、猫の舌のようにざらつく。

オオイワカガミ（大岩鏡）

高山植物の一種とおもっていたが、実際は低山から高山までと幅広い。ピンク色の5枚の花弁の先端が、細かく裂けるのが特徴。カガミ（鏡）の名がつくのは、葉の表面にクチクラ層が発達し、光をよく反射するためである。葉は、冬でも枯れず、雪の下でじっと春を待つ。

イワウチワ（岩団扇）

国道121号線の道の駅「田沢」の近くの脇之沢林道をどこまでも登った先に、大きなブナ林がある。春、ブナの林床には、たくさんのイワウチワを見ることができる。花の時期においては、イワカガミと区別は簡単だが、葉だけのときは、少しむつかしい。イワウチワの葉は、名の通り、団扇のように丸く、先端はへこむ。

フデリンドウ（筆竜胆）

明るい草原などを注意深く見てみると、瑠璃色の小さな花を見つけることができる。草丈は5cmほどだ。近縁種にハルリンドウがあるが、ハルリンドウの根元には、葉があるのに対し、フデリンドウではない。また、フデリンドウでは、1本の花茎の先端に複数の花がつく。

サンカヨウ（山荷葉）

茎の先端に、純白の小さな花を数個つける。大小２枚の葉は、形がフキやハスの葉に似ている。ハスの葉のことを荷葉ということから、この名がついた。また、学名の *Diphylleia* とは、２枚の葉という意味。花は雨に濡れると、透明になる。

ラショウモンカズラ（羅生門葛）

花の形を、京の羅生門において、渡辺綱が切り落とした鬼女の腕に見立てたことによる。シソ科特有の大きな、紫色の花は、林縁などではよく目立つ。三角状ハート型の葉は対生し、葉の縁には鋸歯がある。花が終わると、走出枝（ランナー）を伸ばし、無性的に増えていく。

ノビネチドリ（延根千鳥）

チドリの名は花の形が千鳥に似ているため。近縁種のテガタチドリの根の形が掌状の手形であるのに対し、ノビネでは、根の形が横に伸びるため。米沢では、少し標高のある、山地の渓流沿いなどで見ることができる。葉の縁が波打つのがこの種の特徴。

ユキザサ（雪笹）

ユキザサの名前の由来は、花の色が純白で、雪の結晶のようだからということと、葉の形が笹に似ているからといわれる。雪国では、これを「アズキナ」と呼び、山菜として珍重する。葉を茹でた時、アズキに似た香りがあるという。私は食べたことがない。

ミヤマカタバミ（深山片喰）

カタバミの仲間の葉の特徴は、3枚のハート型の小葉からなる3出複葉であることと、葉をかじると酸っぱい味があること。この味は、シュウ酸によるもの。シュウ酸を英語でOxalic acid。属名の*Oxalis*はここからきている。

ヒトリシズカ（一人静）

シズカとは鎌倉時代に義経とともに登場する静御前のこと。光沢のある濃緑色の葉の中央から、1本の花穂が伸びる。花弁も萼もなく、白く見えるのはおしべの一部（花糸という）。普通、単体で見ることは少なく、複数の個体で見ることが多い。

カスミザクラ（霞桜）

花柄に短い毛が生えているので、ケヤマザクラとも呼ばれる。ヤマザクラとの違いは、葉の色、花の時期、花弁の色などで区別できる。遠くから見ると、霞がかかっているように見える。

ウワミズザクラ（上溝桜）

花の形態から、桜の仲間とはおもえない。しかし、樹皮を見ると、桜特有の横長の皮目があるので、桜の仲間とわかる。花を見ると、花弁より、長く白いおしべが目立ち、ブラシのようである。新潟の人は、この若い果実を塩漬けにして食べる。米沢では、このような食べ方はしない。

オクチョウジザクラ（奥丁字桜）

チョウジザクラの仲間の特徴は、花を横から見ると、漢字の丁の字に似ていることと、葉の鋸歯が、欠刻状重鋸歯となっていることなどである。また、オクチョウジザクラは日本海側の多雪地帯に多く、花柄や萼筒に毛がないことや、萼裂片が全縁であることで区別できる。

ミヤマシキミ（深山樒）

シキミと名があるが、マツブサ科のシキミとは異なり、ミカン科の常緑の低木。標高の少し高い、ブナ帯の林床などで見ることができる。葉や果実にスキミアニンなどのアルカロイドを含む有毒植物でもある。しかし、以前は民間薬として使われていた。

ハクウンボク（白雲木）

ハクウンボクに似た種にエゴノキがある。どちらも純白の花弁をもっている。ハクウンボクの別名をオオバヂシャというが、大きい葉をもつチシャ（エゴノキ）の意味。葉が大きいのが特徴であるが、さらに、葉柄の根元に、冬芽が隠れている。

ナナカマド（七竈）

和名は、七度竈に入れても、なお燃えないほど、燃えにくいためという説がある。葉は、羽状の複葉で、秋に赤く紅葉する。また、赤い果実は、鳥によく好まれる。晩春のころ、枝先に白い小さな花をたくさんつける。花弁は５枚ある。

ホオノキ（朴の木）

この木の特徴は、何といってもすべてにおいて、大きいことである。樹高はときに、30 mに達し、葉も 40cm ほどになり、花は直径が 15cm にもなる。黄白色の花からは芳香が漂う。この植物は、オニグルミやタイサンボクなどと同じように他感作用をもつ。従って、この木の下には、他の植物が侵入できにくい。

オオバクロモジ（大葉黒文字）

クロモジの由来は、若い枝の黒い斑が文字のように見えるからといわれている。この仲間は、枝に精油を含み、折るとよい香りがする。クロモジとオオバクロモジとの違いは、葉に光沢があるかないか、葉の大きさ、さらにクロモジは太平洋側に生育するのに対し、オオバクロモジは日本海側の多雪地帯に生育することなど。

オオハナウド（大花独活）

河原や渓流沿いの林道脇などで普通に見られる。茎の高さが 2m 近くあり、また 5 花弁の白い花が咲くのでわかりやすい。よく見ると、花序の周辺部と中央部とでは、花の形態が異なる。周辺部においては、1 枚の花弁が大きい。花の上で吸蜜しているのは、ウスバシロチョウ。

サワオグルマ（沢小車）

国道 121 号線を福島方面に自転車で移動中、休耕田にたくさんの黄色い花が咲いていた。サワオグルマだった。このように大群落をつくる。花は、キク科特有で、中央に筒状花、周辺部に舌状花をもつ。

オニアザミ（鬼薊）

新潟のＴ君は、アザミの仲間は分類がむつかしいと言っていた。地域差もあるらしく分類屋泣かせだとこぼしていた。これは、オニアザミ。花は下向きに咲く。花の時期に、根生葉は残る。葉は、深い切れ込みがあり、先端に鋭い刺状になっている。総苞が粘る。これらの特徴から同定した。

オドリコソウ（踊子草）

花はシソ科特有の唇形で、上唇は笠型で、下唇は突き出て、先端は３つにわかれる。花の名は、茎の周りに咲く花が、菅笠をかぶった踊子たちをイメージさせるためとされる。花の色が白～淡いピンクと地域によって異なるが、米沢周辺では白しか見ていない。

チゴユリ（稚児百合）

ユリとあるが、ユリ科の仲間ではなく、イヌサフラン科の仲間。名は、小さな花が稚児を連想させることからくる。秋に黒くて丸い液果を実らせて、種子による繁殖のほかに、地下茎による無性繁殖も行う。林の中などの、少し暗いところを好む。

マイヅルソウ（舞鶴草）

米沢周辺では、白布温泉あたりまで行かないと見られない。斜平山周辺では見ることができない。葉の形は卵状のハート型で、周辺が波打つ。マイヅルソウの名は、葉の形が、鶴が舞う姿に似ているからという。茎の先から、白い小さな花を総状につける。花はユキザサに似ているが、葉の形が全く異なる。

シュンラン（春蘭）

ランの花の基本構造は、1 枚の唇弁、2 枚の側花弁、1 枚の背萼片、2 枚の側萼片である。シュンランの場合、唇弁は白く、赤紫色の斑点がある。3 枚の萼片は大きくて黄緑色。花茎は、膜質の鱗片で覆われる。学生時代にシュンランの甘酢漬けを食べたことがある。これについては、時効が成立しているとおもう。

エンレイソウ（延齢草）

茎の先端に、3 枚の丸みを帯びた菱形の葉が輪生し、その中央から花をつける。花には花弁はなく、花弁のように見えるのは萼片。森で一度見たら忘れられない植物である。延齢とあるのは、根茎が薬草として利用されたから。

ヒメサユリ（姫小百合）

日本特産のユリで、群生地が限られている。環境省のレッドリストでは、準絶滅危惧種 (NT) となっている。小ぶりなピンクの花は、初夏の山野に彩りを与えてくれる。花の中を覗くと、この種の特徴である、先端が黄色のおしべが見られる。ササユリの花粉の色は赤褐色。

ムラサキケマン（紫華鬘）

全国各地の低地の草原、道端などに普通に見られるケシ科の越年草。葉は、2 ～ 3 回の 3 出複葉で、触った感じは柔らかい。花は、茎の上部にたくさんつける。形は筒状で紅紫色。エンゴサクに似ているが、葉の形態が異なる。ウスバシロチョウの食草。

ミヤマキケマン（深山黄華鬘）

近畿以北の山地の日当たりのよい場所に普通に見ることができる。米沢周辺では、国道 121 号線沿いや、国道から伸びた林道沿いで見られる。茎の先端に総状に多数の黄色の花をつける。ムラサキケマン同様、有毒植物。

ヤマツツジ（山躑躅）

日本の野生ツツジの代表種で全国に分布している。米沢周辺でも、個体数は多い。個体によって花弁の色が、淡い橙色から赤い橙色まで変化がある。花弁の先端が丸くなる点がレンゲツツジとの違い。秋になると、春に出た葉が枯れ、夏から秋にかけて新しい葉が出て冬を越す。従って、半落葉植物と呼ぶ。

レンゲツツジ（蓮華躑躅）

つぼみの形（右図）が、ハスの花（蓮華）に似ていることが名前の由来となっている。斜平山では、ごく普通に見られる。ツツジの仲間ではいち早く咲くので、早春を彩る花の一種であるが、木全体にグラヤノトキシンなどの痙攣毒を含むので、放牧場では嫌われる。漢字の躑躅は、テキチョクと読み、意味はあし踏みである。

ガクウラジロヨウラク（萼裏白瓔珞躑躅）

本州中部地方、東北地方、北海道などの山地に分布する落葉低木。名前の由来は、葉の裏側が白く、花の形態が、菩薩などが身につけている装身具の瓔珞に似ていることからきていることと、萼が長いことからくる。

ウゴツクバネウツギ（羽後衝羽根空木）

ツクバネウツギの変種で、羽後地方（秋田、山形）で見られる。果実の形が、羽根つきの羽根（衝羽根という）に似ていることが、ツクバネの名の由来である。花の付け根を見ると、5枚の萼片が放射状に広がっている。

アズキナシ（小豆梨）

別名をハカリノメという。若い枝にある白い小さい皮目（右図）が規則的にならぶさまが秤の目に似ていることからきている。バラ科で花弁は5枚。長く伸びた、たくさんのおしべがよく目立つ。秋、アズキに似た赤い果実をつける。

フジ（藤）

蔓性の落葉木本。他の木に巻きつき樹冠まで達する。太陽光を好む陽生植物の一種である。マメ科の植物は、夜に葉が閉じる就眠運動を行うが、このフジの葉にも見られる。藤色はこの花の色からきている。米沢周辺では、スギの木を登るフジがたくさん見られる。

ヤマボウシ（山法師）

米沢周辺ではあまり見かけないが、旧八谷鉱山の近くで見ることができた。4 枚の白い花弁のように見えるものは、総苞片で花弁ではない。その中央に淡黄色の小さい花が球状に集まって咲く。秋に、1 ～ 3cm の球形の集合果をつける。熟したものは甘く、食べられる。

ミズキ（水木）

枝を扇状に四方に広げた樹形が特徴である。横綱の土俵入りの時の、広げた両腕をおもい出させる。ミズキの名の由来は、春に多量の水を吸い上げるからという説がある。枝先に、4 枚の花弁をもった、小さな花を多数つける。本種に近縁のクマノミズキは、花の時期が異なる。

ミヤマガマズミ（深山莢蒾）

枝先に、1 対の葉とともに、直径 5cm 前後の散房花序をつける。花序をつくるたくさんの小さな花は、花冠が 5 ～ 7mm で、先が 5 つに裂け、平らに開く。おしべの花糸がよく目立つ。葉は、倒卵形で、表面は無毛か、長い毛がまばらに見られる程度で、密ではない。

ガマズミ（莢蒾）

ミヤマガマズミと同様に、白く小さな花の集まった散房花序をつける。葉はミヤマガマズミと比較して丸く、卵形で、表の葉の葉脈上に毛がある。秋に赤い果実をつける。実は、ジャムや果実酒の材料として人気が高い。

ウリハダカエデ（瓜膚楓）

若木の樹皮が、暗緑色で黒い縦縞がはいるのでウリハダの名がある。米沢市周辺では、多く見られる。花は、雌花と雄花とがある。写真は垂れ下がるので、雄花。葉は、扇状五角形で、浅く３～５裂する。また、秋の紅葉は特に美しい。

コバノトネリコ（小葉梣）

別名はアオダモ。アオダモのアオは、枝を水につけておくと、青色に変わるためとする説がある。花は、円錐花序で、小さな花を多数つける。葉は奇数羽状複葉で、小葉の数は３～７枚。材は強く粘りがあるため、野球のバットなどに利用されている。野球選手のイチローは、アオダモのバットを好むと聞く。

ヤブデマリ（藪手毬）

花は、ガクアジサイのような散房花序。花序は中央の小さな両性花と周辺の白い装飾花からなる。装飾花は５裂するが、そのうち１枚はごく小さい。葉は、楕円形～広楕円形で、先は尖る。縁には鋸歯が見られる。ハナカミキリなどの訪花性昆虫がたくさん集まるので、「虫や」にとっては大事な花。

カンボク（肝木）

遠目にはヤブデマリと区別がつきにくい。しかし、本種では、葉の先が大きく3裂するので区別できる。秋には直径7～9mmの赤い実を多数つける。米沢周辺では、ヤブデマリ同様、川の縁など少し湿った場所を好む。

タニウツギ（谷空木）

樹高は5mほどで、高くはならない。田植えのころに、漏斗形で淡紅色の花をたくさんつける。花冠の先端は5裂する。花が終わると、朔果ができるが、種子を飛ばした後も、枝先に残り、冬でも目立つ。

ハリエンジュ（針槐）

北アメリカ原産のマメ科の落葉高木。ハリの名は、葉の基部にある刺に由来する。花は白色で、たくさんの蝶形花が垂れ下がる。この花から上質な蜂蜜がとれるすぐれた蜜原植物で、花の時期になると養蜂家が蜜を求めてやってくる（右図）。

コナスビ（小茄子）

日本全国の道端や草原にごく普通に見ることができる。茎には軟毛があり、地面を這うので、草丈は低い。花冠は黄色で、5裂する。裂片は広卵形で、先は尖る。コナスビの名は、果実が小さなナスビに似ているからとする説がある。

カキドオシ（垣通し）

葉などを揉むと、シソ科特有の芳香がある。そのせいか、ゲンノショウコやドクダミ同様に民間薬として、重宝された。小児の疳の虫にも効果があるというので、疳取り草の別名を持つ。下唇に赤紫の斑点をもつ青紫の花が輪生する。

ワスレナグサ（勿忘草）

ヨーロッパ原産で、園芸業者が明治時代に輸入し、その後全国に広がったとされる。春から初夏にかけて、薄紫色の5弁の花を多数つける。花が開く前は、花序がサソリの尾のような形をしている。

オオイヌノフグリ（大犬の陰嚢）

犬の陰嚢という、少し不名誉な名前が付けられた。ヨーロッパ原産の帰化植物。明治時代には、すでに日本に侵入していたという。米沢では、まだ雪が残る果樹園の隅っこや道端などで、ごく普通に見られる。

ヒメオドリコソウ（姫踊子草）

植物の名前で、頭に「ヒメ」とつく場合は、小さく、かわいらしいという意味がある。同じ属のオドリコソウと比較すると、やはり、草丈や葉、花はいずれも小さい。道端や畑の隅などにごく普通に見られる。単独ではなく、群生していることが多い。葉には、シソ科独特の臭いがある。

センボンヤリ（千本槍）

土地の人が地蔵園と呼ぶ愛宕羽山神社口之宮境内には、大きなモミの木があり、その樹下に咲いていた。葉はタンポポのように根もとに集まっている。花は春と秋では大きく異なり、春の花は 10cm 程度の花茎の先端に 1 個つき、舌状花の色は白だが、裏面は紫色を帯びる。秋の花は春より長い花茎を伸ばす。

沢筋の植物

国道121号線沿いには、たくさんの沢を見ることができる。脇之沢、白夫沢、大荒沢、小荒沢などである。沢筋には水辺を好む特有な植物が生育しているので、歩くと楽しい。

これらの植物の名前に「サワ」や「ミゾ」のつくものが多い。

ワサビ（山葵）

日本特産で、山間の渓流に生える多年草。地下茎は太い円柱形で、細根を出す。根生葉は長い柄をもち、円に近い心形で表面には光沢がある。茎は40cm 前後で、茎頂に白色花を多数つける。

地下茎や葉には、刺激物質が含まれ、香辛料として利用される。

コチャルメルソウ（小哨吶草）

花弁は５個で、それぞれは魚の骨状に７～９裂するという、変わった花をつける（右図上）。また、花が終わると、花弁が脱落した後の果実は、ラッパ状で、中国の楽器のチャルメラに形が似ている。これがこの植物の名の由来となった。

ツルネコノメソウ（蔓猫の目草）

花が終わると、長い走出枝を出し、先端から根を出し、無性的に繁殖する。茎頂に直径５mm程度の花をつけるが、花弁はなく、４枚の萼片に囲まれた８本の黄色の雄ずいがある（右図）。根生葉は円心形で、鈍鋸歯がある。茎葉は、小形で互生し、扇形で５～７個の鋸歯がある。

ネコノメソウ（猫の目草）

果実が深く細く裂けた様子が、瞳孔が小さくなった猫の目の似ていることが、この仲間の名の由来。花には花弁がなく、黄緑色の苞葉が花を取り囲む。花が終わり、種子ができるころには、苞葉は緑色に変わる。

タニギキョウ（谷桔梗）

渓流沿いを歩いていると、背丈が低く、白く小さな花をつける植物が目にとまった。タニギキョウだった。キキョウ科の仲間だが、感じがハコベの仲間に似ている。サワギキョウ（P.59）も同じキキョウ科だが、キキョウ科はいろいろと個性派が多い。

ウワバミソウ（蟒蛇草）

茎は多肉質で、毛はなく軟らかい。葉は、長楕円形で、左右対称とならない。雌雄異株。雄花序は緑白色で、1～2cmの柄がある。「ミズ」という名の山菜としても有名。秋に、茎の節に、ムカゴができ、無性的に繁殖するので群生することが多い。

ミズタビラコ（水田平子）

平地でよく見かけるキュウリグサの仲間。茎には毛が見られる。葉は、楕円形で表面に細かい毛が生える。茎の先端に、1～5本のさそり型花序をつける。咲き始めは、花序の先端がくるりと巻いているが、花が開く頃には伸びる。

オオバミゾホオズキ（大葉溝酸漿）

大荒沢の林道を歩いていると、林道の一部が川のようになっている場所に咲いていた。黄色の花がよく目立つ。葉は対生し、大きさは3～8cmの卵形で、特徴的な鋸歯を持つ。

トチノキ（栃の木）

落葉高木の代表的な種で、時に樹高 30 mに達する。葉は、長い葉柄の先に、大型の倒卵形の小葉を数枚掌状につける。春に 20cm 内外の円錐花序をつける。蜜を多量に出すので、養蜂家の大切な蜜源植物となる。秋に栗に似た種子をつくるが、サポニンを含むため、アク抜きをしないと食べられない。

サワシバ（沢柴）

シバの名があるが、アカシデやイヌシデの仲間。従って、写真のような円筒形で長い果穂をつける。葉は互生で、大きさは 7 ～ 14cm で、規則的な葉脈が見られる。葉の基部はハート型でこの種の特徴となっている。

サワグルミ（沢胡桃）

沢筋に生えるのでこの名がある。幹はまっすぐで姿が美しい。高さは 30 mくらいになる。クルミとあるが食用にはならない。葉は羽状複葉で、小葉の幅はオニグルミより狭い。春に 10 ～ 20cm の尾状花序を垂らす。

春の野山で出会った動物たち

ヒメギフチョウ（姫岐阜蝶）

春の一時期にしか見られないアゲハチョウの仲間。「春の女神」などと呼ばれている。米沢周辺では、斜平山の開けた明るい山道で見ることができる。この地域での食草はウスバサイシンで、下の写真は、その葉の裏に産卵している時のもの。同じ属のギフチョウとの区別は、後翅の外側の斑紋の色が、ギフチョウはオレンジであるの対し、ヒメギフチョウは黄色であるので区別できる。山形県において、ギフチョウとヒメギフチョウが混生している地域がある。大石田町では、天然記念物に指定して保護活動を行っている。米沢では、ヒメギフチョウのみのようだ。近年、個体数が減少しており、環境省は準絶滅危惧種に選定している。

サカハチチョウ（逆八蝶）

これは春型の個体。後翅に八の字を逆さにした白い模様がある。これが、名前の由来となった。夏型は、オレンジ色がなくなり、イチモンジチョウを小さくした感じとなる。春型から夏型への転換には日照時間が関係している。食草は、イラクサ科のコアカソ。

ミヤマセセリ（深山挵）

春先に明るい山道を歩いていると、足元から飛び立つ茶色の蝶に出会うことがある。早春を代表する蝶の一種。茶褐色の地に、黄橙色の小斑紋がよく目立つが、茶褐色の色は、枯れ葉の上などでは保護色となって見つけにくい。食草は、コナラやミズナラなど。

ルリタテハ（瑠璃立羽）

表面は、黒褐色の地に、瑠璃色の帯模様がこの蝶の名の由来となった。裏面は、茶褐色で、ちょうど樹皮や枯れ葉に似ている。羽をたたんだ状態で樹皮に止まると、なかなか見つけられない。春先の個体は、成虫の状態で越冬したもの。食草はサルトリイバラなど。

ミヤマカラスアゲハ（深山烏揚羽）

アゲハチョウの仲間で、全体に色が黒いのでカラスの名がついた。クロアゲハという種類もいる。林道などの湿った地面に数個体集まって吸水することが多い。そのような個体はオスに限られる。この理由はよくわかっていないという。食草はミカン科のキハダなど。米沢周辺では、キハダはよく見かける。

コミスジ（小三條）

翅は横に長く、黒褐色の地に３本の白い帯が横に走るのでこの名がついた。裏面は、茶色の地色に白い帯模様がある。飛び方に特徴があり、滑空と小刻みなはばたきを繰り返す。また、止まる時には、翅を開く。食草はマメ科のクズやフジなど。

ヤマキマダラヒカゲ（山黄斑日陰）

キマダラヒカゲはサトキマダラヒカゲとヤマキマダラヒカゲの２種に分けられた。その識別法の一つに、後翅裏面付け根の小さくて丸い斑紋がほぼ一列に並んでいるのがサトで、くの字になっているのがヤマとある。これは、ヤマキマダラヒカゲ。八谷の森で休息していたら、私のズボンに止まった。

ウスバシロチョウ（薄葉白蝶）

名前にシロチョウとあるが、アゲハチョウの仲間。翅は半透明で、鱗粉を欠く部分があるのでこの名が付いた。林の中などをひらひらと飛ぶ。受精を済ませたメスの腹部には他のオスと交尾ができないような付属物がつくられる。食草はムラサキケマン（毒草）など。

イカリモンガ（碇紋蛾）

チョウもガもチョウ目（鱗翅目）に属するので、大きな違いはない。本種は、昼に活発に行動する性質は、チョウに似ているが、分類的には「ガ」に属する。前翅のオレンジ色の碇模様が名前の由来となっている。米沢周辺では、容易に見ることができる。食草はシダ植物。

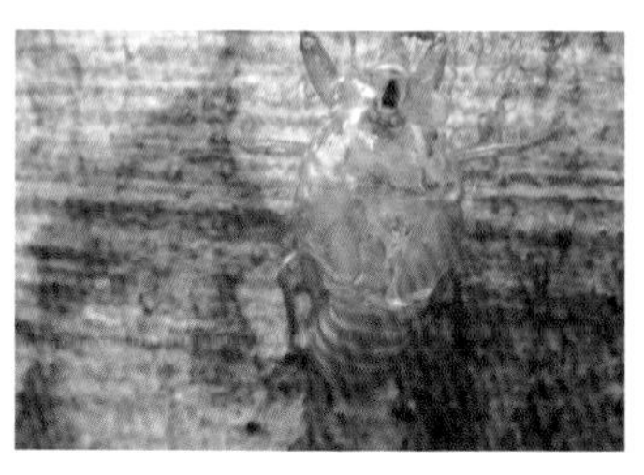

エゾハルゼミ（蝦夷春蝉）

米沢周辺では、標高 800 mを超すようなブナ林で盛んに鳴いている。高木のブナの上方で鳴くので、その姿をとらえることは困難である。たまたま、この個体は、地表におりてきた。右は、その抜けがら。

アカスジカメムシ（赤条亀虫）

ヤブジラミなどのセリ科の植物によく集まる。赤と黒の縦縞模様が野外ではよく目立つ。これは、鳥などに対する警戒色と考えられている。俺を食べるとまずいぞと、色で訴えているのだ。ストローのような長い口吻で、汁を吸ったりできる。

ハンミョウ（斑猫）

林道などを歩いていると、足元から飛び立ち、数メートル離れたところに降り立つ。このように歩く人の前を飛ぶので「ミチオシエ」とも呼ばれる。よく見ると実に美しい。人は「飛ぶ宝石」と表現することもある。幼虫は、穴の中で、通りかかる昆虫などを捕えて食べる。

ヘビトンボ（蛇蜻蛉）の幼虫

国道 121 号線を自転車で走っていると、歩道にこの幼虫がいた。ヘビトンボの幼虫であった。普段は、渓流に棲む水生昆虫であるが、蛹になる時に、陸上にあがる。孫太郎虫として、民間薬として利用された時期もあった。

ヒキガエル（蟾蜍）

雪が溶けた水たまりに、ヒキガエルが数匹集まっていた。これから、恋のかけ引きが始まるのだろう。オスは、メスに対して猛烈にアタックする。しかし、こんな水たまりで産卵して、水が干上がったらどうなるのだろう。

ニホンカモシカ（日本羚羊）

米沢周辺では、ニホンザルは人里でもよく見かけるが、カモシカはめったに見ることはない。しかし、少し山の方では、簡単に見ることができる。こちらの気配に気づくと、動きをやめ、じっとこちらを見ている。近づくと、彼らの安心距離を超えたせいか、林の中に一目散に逃げて行った。毛の美しい若い個体だった。この冬をよく越せたね。

山の恵み

山菜となる条件は、まず毒がないこと。次に、煮ると軟らかくなることなどだろう。しかし、我々人間は、木灰をかけた後に、熱湯を十分かけ、苦みの元である毒性物質を除去する術を知っている。このワラビなどもそうして食べられている。牛や馬などの放牧された家畜は絶対に食べない。毒があることを知っているためだ。

コゴミ

クサソテツが正式な和名。春先のまだ展開されていない丸まった栄養葉を食べる。アクもないので、茹でたあと、胡麻和えやマヨネーズ和えでもおいしい。テンプラもおいしい。

ゼンマイ

若い栄養葉を食べるが、一度茹でた後、十分乾燥させる。このように処理をすればアクも抜け、数年は保存ができる。水でもどしたものを茹で、ニンジン、油揚げと一緒に煮る調理法が一般的な食べ方。

ヤマブキショウマ

米沢地方では、イワダラと呼ばれている。アクがないので、茹でてすぐに食べられる。みがきニシンと一緒に煮るとおいしくいただける。夏には、小さな白い花を咲かせる。

トリアシショウマ

3本の指をもつ鳥の足に似た毛の多い若い芽を食用とする。ヤマブキショウマはバラ科だが、本種はユキノシタ科と異なる。ヤマブキショウマと同じように調理されることが多い。

イヌドウナ

キク科に属する山菜。キク科には、特有な香りと苦みをもつものが多い。フキノトウやモミジガサ（シドケ）がそうである。このイヌドウナも同じように、特有な香りと苦みがある。それが好まれる。

ミヤマイラクサ

ブナ帯の沢の近くでよく見かける。葉・茎にはイラクサ特有の刺があるので、素手では採らないこと。しかし、茹でるとこの刺は全く気にならない。米沢地方では「アイコ」と呼ばれ、人気高い山菜である。茹でて鰹節としょう油をかけた食べ方が簡単だがベスト。

サンショ

刺のある木であるが、若い枝の刺は気にならない。若芽はタケノコの上に添えられたりするが、甘辛い醤油で煮た佃煮は絶品でご飯が何杯も進む。ナミアゲハもこの葉を食べるので、競争となる。

ヤマウド

ウコギ科タラノキ属の多年草。ウコギ科は無毒で山菜となるものが多い。若い芽は香りがあっておいしい。太い茎は、生でも食べられる。茎の先端などはテンプラに最適である。

オオイタドリ

米沢地方では、スカンポの名で知られている。イタドリの名の由来は「痛取り」とする説がある。傷口に塗ると痛みが和らぐかららしい。お浸しやテンプラなどの調理法があるがシュウ酸を含むので酸味がある。葉が根元はハート型になるのが特徴。

フキノトウ

水田に雪が残っていても、川岸などは雪解けが早く、フキノトウが顔を出す。キク科フキ属の多年草で、これはフキの花の部分。テンプラやフキ味噌などがおいしい。フキノトウの時期が終わると、根元から葉が展開してくるが、この葉の茎もキャラブキなどで食べられている。

カンゾウ

野原などでたくさん採ることができる。カンゾウには、ヤブカンゾウとノカンゾウがあるが、どちらも食用となる。酢味噌との相性がよいので、この時期に出回るホタルイカと合わせるとおいしい。

オオバギボウシ

米沢周辺では、ウルイの名で親しまれている。くせがなく、酢味噌などで食されることが多い。毒草のバイケイソウが本種と間違って採取されることがあるが、米沢周辺の低山にはバイケイソウの仲間は生育していない。

アサツキ

河原の土手などで容易に採取できる。葉には、ネギ特有の香りがあるので間違えることはない。お浸しや酢味噌和えのほかに、豆腐と一緒の味噌汁は春を感じられておいしい。

タラノメ

落葉低木のタラノキの新芽をタラノメと呼び山菜としては、王様級の扱いを受ける。テンプラが多少の苦みと香りが味わえておいしい。少し、葉が開いたものでも、茹でた後、小さく刻んでマヨネーズなどで食べてもおいしい。

コシアブラ

ウコギ科の落葉低木だが、ときに幹の直径が 20cm を超すものもある。これらはオタカポッポの材料となる。米沢周辺の低山では容易に見ることができる。テンプラの他に、「切り和え」などと呼ばれる食し方もある。最近では、パスタも人気がある。

タカノツメ

コシアブラと同じくウコギ科の落葉小高木。秋に黄葉して美しい。米沢周辺では、コシアブラほど多くはない。テンプラの他に、タカノツメご飯にして食べられる。

ハリギリ

ウコギ科の落葉高木。ときに30mに達するものもある。低木の若い芽を食する。タラノキと同様に枝に刺があるのが特徴。テンプラが一番である。アクが多少強いので、2～3分茹でたあと、水にさらした後に、お浸しなどで食べる。

ヤマウルシ

ウルシの仲間は、葉や幹に触れるとかぶれることがあるので注意が必要だ。しかし、中にはかぶれない人がいる。このような人は、このヤマウルシの新芽もテンプラなどで食べることができる。かなりおいしいらしい。私は、かぶれるので絶対に食べない。

ニワトコ

樹高 3 ～ 5m の落葉低木。幹の内部は軟らかく白い髄があるのが特徴。新芽はテンプラなどで食されるが、たくさん食べるとお腹を壊すといわれているので、3 ～ 4 個程度にしたほうがよさそうだ。

リョウブ

米沢周辺ではよく見かける。夏には、白い花を咲かせる。若い芽は、短時間茹でた後、塩でもんで、熱いご飯とまぜたリョウブ飯が一般的な食べ方だ。しかし、私はおいしいとおもったことはない。

アケビの萌え

秋に採れるアケビの実は、種を除いたあと、中に味噌を入れて油でソテーして食べるが、春の時期の、若い茎も食べることができる。果実同様、少し苦みがあるので、子供は苦手だ。

Column

ヤマネコヤナギの話

以下は、私が大学２年生の時、植物分類学講座で講義中に起きたことである。助教授のＩ先生が教壇に立ち、講義が始まった。今日は、ヤナギ属の話らしい。ヤナギ属についての一通りの説明が終わり、今度は、実際に標本や生の個体を使った説明に移っていった。Ｉ助教授はヤマネコヤナギに関して説明を始められた。ヤマネコヤナギの学名は *Salix bakko*、別の和名はバッコヤナギという。このように説明なされると、小さな教室のなかから「ブホ」とも「ブファ」ともとれる笑い声が突然起こった。その笑い声を聞いて、私も心のなかで「アハ」と笑った。しかし、他の学生は平気で聞いている。笑い声の主は、福島県出身のＹ君であった。バッコヤナギという名前のはじめの「バッコ」とは米沢あたりでは「ウンチ」の意味である。それでＹ君は、突然笑い出したのである。「ウンチ」のことを「バッコ」という地域は山形県、福島県会津地方などで、隣県の秋田県や宮城県では「バッコ」は違った意味になるようだ。静岡県出身のＫ君や地元新潟県出身のＴ君などはその笑いの意味がわからなかっただろう。

このヤマネコヤナギであるが、米沢地方では、国道121号線から伸びている、大荒沢沿いで多く見ることができる。葉の裏に微毛が生えているのでわかりやすい。また、この樹皮には多くの地衣類が付着しているのを見ることができる。葉状地衣類の一種のヘラガタカブトゴケ、樹枝状地衣類のバンダイキノリや同じ樹枝状地衣類のカラタチゴケなどである。しかし、同じ地域にたくさん生育しているシロヤナギの樹皮には地衣類を見ることは少ない。地衣類も基物を選ぶようだ。

Column

オニグルミとヤマウルシ

冬に樹木の枝先をよく観察すると、おもしろい形に出会う。秋に葉が落ちた痕で、葉痕と呼ばれている。下の二つの写真を見比べてみると、左はオニグルミで右はヤマウルシである。この似たような葉痕にまつわる苦い思い出がある。

まだ、山に雪が残る4月の頃だったとおもう。町内の悪ガキどもが集まって相談し、河原に行くことになった。河原までは歩いても20分くらいだ。山には雪が残っても河原にはもうない。中学生はマッチを持参していたので、焚火をしようということになった。焚き木を集めるのは小学生の役目だ。友達のS君と一緒に河原を探し始めた。S君が拾った木の枝は私にはウルシにおもえたが、S君は、枝にサルの顔があるから、これはクルミだと主張する。なぜかS君の主張に納得し、それに似た枝を集めはじめた。

翌日、私の首や腕に赤いぶつぶつができ、痒くてたまらない。焚き木として拾った枝はヤマウルシだったのだ。当時、信夫町にあった、I医院で黄色の液体を注射してもらった。その黄色の液体の成分は何か知らないが、少しは効いたような気がした。私の皮膚のかぶれを見て先生は、「成島のウルシは強いからな」と言ったのを今でも覚えている。

Column

カモシカの食事

米沢周辺の山に入ると、時々カモシカを見かけることがある。標高がそれほど高くない場所にも見かけるが、さすがに、市街地には出没したとは聞かない。積雪 50cm を超す豪雪地にはニホンジカ（シカ）は生きていけないと読んだことがある。これは、間違いであるとおもう。国道121 号線から伸びている脇之沢のブナの森を訪ねると、大きな角をもったオスのシカを目撃した。雪の少ない年に、福島の方から移動してきて、一時的に住みついたとも考えられるが、生息はしている。

山菜を求めて、山を歩いていると、ヤマブキショウマの先端がきれいに食べられているものをたくさん見かける。

ヤマブキショウマ

その他に、アカソ、イタヤカエデ、イタドリなども食べられていた。これらはカモシカが食べた痕とおもう。ヤマブキショウマは人間が好んで食べる山菜である。人とカモシカの嗜好性は似ているのかもしれない。

Column

アカソ

イタヤカエデ

イタドリ

ところで、カモシカは、ワラビは毒があるので食べないと、これも本で読んだことがあるが、ワラビの先端がきれいに食べられているのを見たことがある（写真下左）。これは、カモシカが食べたのだと考えている。実際に目撃した訳ではないので、断言はできないが、私は、カモシカはワラビを食べると考えている。春に、ネムノキ（写真下右）の樹皮がかじられているのを見つけた。これもカモシカの仕業と考えている。雪の多い米沢では、冬は食べる草がなくなって、樹皮食をしたと推察した。

ワラビ

ネムノキ

夏の森

6月、7月、8月ころ

夏の野山へ

旧八谷鉱山の事務所前を通り抜け、途中カツラの大木を横に見ながら林道を登り切ると少し開けた場所に着く。自転車はここまでだ。そこからスギの植林地を登ると、ブナの森にたどり着く。そこは、オオカメノキやコシアブラ、エゾユズリハなどの低木を従えたブナが林立し、なかには胸高直径が 1m もあるような巨木もある。幹には「愛の大ブナ」とあった。ブナの葉は菌類によってなかなか分解されにくいので、ブナ林の林床はふかふかだ。だから、水を貯めやすい。従って、ブナの林は「緑のダム」などと呼ばれている。樹皮をよく見てみると、白い幹肌に、暗褐色や灰青色の斑紋が見られる。これらは地衣類と呼ばれる生物である。地衣類は、その体が菌類と藻類という異なる 2 種類の生物からなる複合生物で、共生関係を示す代表的な生き物である。かれらも森の一員だ。

ブナ（橅）

ブナの葉は、実に特徴的である。普通の葉には、ノコギリの刃のようなギザギザがあり、その先端に側脈の先端が入るようになっている。しかし、ブナ属では、葉の縁は丸みを帯びて波形になり、波のへこんだ部分に側脈の先端がつながっている。ブナ属には、本種とイヌブナがあるが、置賜地方ではブナのみで、イヌブナは生育していない。ブナは豪雪地帯に適応して生きている。

ヤグルマソウ（矢車草）

矢羽根を放射状に取り付けた矢車に葉の形態が似ていることが名前の由来といわれる。大荒沢沿いの林道を歩くと、たくさん見ることができる。斜平山などには生育していない。初夏、円錐状の花序をつける。白く見えるのは、花弁ではなく、萼片である。

クモキリソウ（蜘蛛切草）

ラン科クモキリソウ属の多年草。ラン科には、昆虫類の名前をもつ種がある。ジガバチソウ、スズムシソウ、ミズトンボである。本種の花は、ジガバチソウのものに似ているが、葉のヘリの形状が異なる。ジガバチソウでは、葉のヘリの波状の縮れが本種より細かい。

ギンリョウソウ（銀竜草）

葉緑素を持たない植物。別名ユウレイタケとも呼ばれる。腐生植物の一種。腐生植物とは、樹木と共生関係にある菌類から、栄養を得て生きている植物のこと。菌類は、従属栄養生物であるので、樹木の光合成によって作られた有機物に依存して生きている。ブナの森では多く見られる。近縁種にギンリョウソウモドキ（アキノギンリョウソウ）がある。これもブナ林で見ることができる。

イチヤクソウ（一薬草）

花の時期の全草を乾燥させたものが、漢方では鹿蹄草として知られている。また、生の葉のしぼり汁は、切り傷の治療に使われることもある。根生葉は厚く、光沢がある。白色で５弁の花は、下向きに咲く。本種は、菌根植物の一種で、特殊な方法で栄養吸収を行う。東京都では絶滅危惧種。

オクモミジハグマ（奥紅葉白熊）

仏教の僧が使う法具に払子（ホッス）がある。払子の白い毛はヤクの尾（ハグマ）の毛である。白い花弁をヤクの尾の毛に見立てている。また、モミジは葉の形がモミジに似ていることからついた。

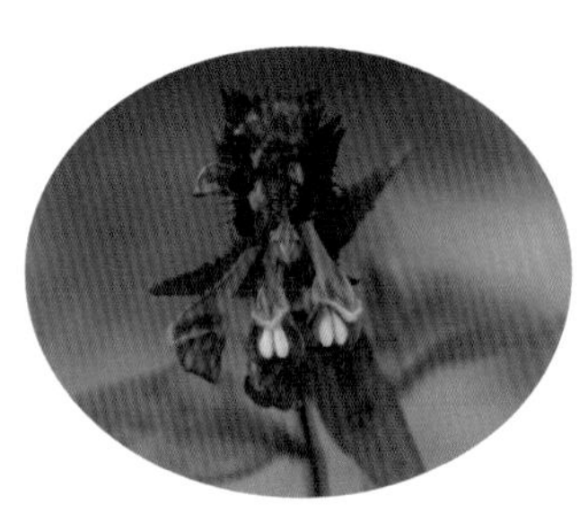

ママコナ（飯子菜）

花弁の２個の白い膨らみ（右図）が、炊きあがった飯粒に似ていることからこの名がついたとする説がある。林縁などの乾燥したところを好む。米沢では、斜平山の稜線でたくさん見ることができる。近縁種にミヤマママコナがあるが、本種では、苞は葉状で、縁には鋸歯があるが、ミヤマママコナには鋸歯がないことで区別できる。

ツルリンドウ（蔓竜胆）

旧愛宕小学校横の山道を登ると、道の脇で、他の植物に絡む蔓性のリンドウを目にする。ツルリンドウだ。淡い紫色で先が５裂した花はリンドウの仲間であるとわかる。花が咲き終わると、枯れた花被の中から丸く紅紫色の果実が突き出る。果実（右図）は秋の景色のなかでは目立つ。

ヤマブキショウマ（山吹升麻）

ヤマブキショウマはバラ科だが、姿が似たトリアシショウマはユキノシタ科と、全く別の科に属す。これを「他人の空似」という。本種の葉は２回３出複葉で、小葉は重鋸歯を持ち、側脈が葉の縁まで達している。一方、トリアシショウマの葉は、３回３出複葉で、小葉の側脈は葉の縁まで達しない。

ヘクソカズラ（屁糞蔓）

葉や茎を傷つけると、悪臭を放つことからこの名がついた。また、蔓性の植物は一般にカズラと呼ぶ。テイカカズラなどはその例。白い漏斗状の花の中心部は赤い。この赤い色がお灸の痕に似ていることからヤイト（お灸）バナという別名もある。

ボタンヅル（牡丹蔓）

国道121号線を自転車で走っていると、道路脇の日当たりの良い場所に、白い花が目にとまった。ボタンヅルだった。キンポウゲ科の蔓性木本。1回3出複葉で、小葉はボタンの葉に似る。白く見える部位は、花弁ではなく、萼片。近縁種にセンニンソウがあるが、本種の方が普通に見られる。

クズ（葛）

マメ科に属する蔓性の多年草。秋の七草の一つでもある。葉は3出複葉で、小葉は丸みを帯びた菱形で大きい。花は赤紫色の蝶形花で、総状花序の下から順に開花する。太い根からは良質なデンプンが取れ、葛粉として親しまれている。

さらに、葛根は風邪薬の葛根湯の主な原料となる。明治期にアメリカで、家畜の飼料作物として栽培されるようになったが、現在はその旺盛な繁殖力により、有害外来種に指定され、駆除されている。

ミヤマウズラ（深山鶉）

愛宕山への登山道を歩いていると、葉が地際から出て、白っぽい花茎に複数の花がつく植物が目にとまった。深い緑色の葉には、白い網目状の斑紋がある。これが、鶉の羽根の模様に似ていることがこの和名の由来となっている。側萼片が横に大きく開くのが特徴で、色は白だが、淡い桃色を帯びる。

サワギキョウ（沢桔梗）

新潟のＴ君と一緒に、米沢の植物を調べていたとき、多くのコバギボウシの花に混じって、背の高い、少し花の色が濃い個体が目についた。本種だった。根元にミズゴケなどが生える湿った場所を好む。花は濃紫色でキキョウと似ているが、形態は異なり、上唇は２裂、下唇は３裂する。全国的に個体数が減少している種である。ロベリンという有毒成分を含んでいる。

クサレダマ（草連玉）

山地の湿地に生える多年草だが、休耕田などでも見かける。葉は２～４枚が輪生または対生し、披針形で鋸歯はない。花は茎の先端または葉腋に円錐花序をつけ、黄色い花を多数つける。花がマメ科のレダマのような黄色なのでクサレダマの名がついたとされる。

ミソハギ（禊萩）

旧盆の頃になると、田の畔や湿った沼のほとりなどで咲き、墓や仏壇にも供えられるので、「ボンバナ」などと呼ばれる。背が高く数本群れているのでよく目立つ。茎は四角形で、葉は対生し交互に直角の方向に出る。花は苞葉の腋に１～３個つき、花弁は紅紫で６枚、少し皺がある。

アカバナ（赤花）

山野の湿地や水田脇の水路などに群生する多年草。葉は対生し、卵形～卵状披針形で、縁にあらい鋸歯がある。花は淡紅紫色で、花弁は広卵形で、先端が２裂する。アカバナの名は赤い花ではなく、夏以降に茎や葉が、紅紫色になることからくる。

ミズタマソウ（水玉草）

山野の林下などの日陰を好む多年草。葉は対生し、長楕円状披針形～卵形で先端は尖る。茎、葉、花序に細かい毛がある。茎の先端や葉腋から総状花序を出す。花弁は２枚で白く先端は２裂する。果実は３～4mmの球形で、表面にカギ状の毛がある。この球形の果実が和名の由来となった。

ニホンハッカ（日本薄荷）

原野の湿地や水田の畔などで見ることができるシソ科の多年草。葉は対生し、長楕円形でへりには尖った鋸歯がある。花は淡青色で茎の上部の葉腋から輪状に多数咲かせる。茎葉から精油のメントールなどを取り、飴やタバコに使用されていたが、現在は合成のものが使われている。

オモダカ（面高）

湿地を好むので水田などの雑草として嫌われる。種子と塊茎で増えるので、繁殖力は強い。塊茎を食用に品種改良したのがクワイである。また、近縁種にアギナシがある。アギナシには、根元にムカゴをつける特徴をもつ。

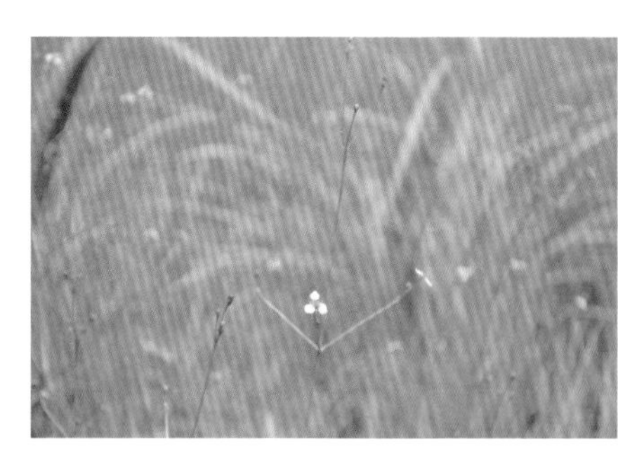

ヘラオモダカ（箆面高）

オモダカ同様、水田や水田横の水路などで見ることができる。葉がヘラに似ていることからこの名がある。花茎は枝に輪生し、枝先に白い３枚の花弁をもつ花を咲かせる。

コンロンソウ（崑崙草）

大荒沢沿いの林道を歩いていると、白い4枚の花弁を持つ花を見つけた。4枚の花弁はアブラナ科の特徴だ。葉は羽状複葉で、小葉は楕円状披針形で縁に鋸歯がある。匍匐茎で無性生殖するので、群れで生活することが多い。

ガマ（蒲）

休耕田や湿地に普通に見ることができる。人の背丈を超えるものもある。特徴は、フランクフルトに似た花だ。上の細い部分が雄花群。下の太い部分が雌花群。秋には、種子は成熟し、風に飛ばされる。蒲の字を使った食べ物に「蒲鉾」「蒲焼」があるが、由来は、蒲の穂の形による。

オカトラノオ（丘虎の尾）

日当たりのよい野原などに普通に見られる。葉は互生し長楕円形で、縁には鋸歯を欠く。花は茎の先端に総状花序を出し、先端は虎の尾のように垂れ下がる。花序には多数の白い花をつける。

ウツボグサ（空穂草）

8月1日は愛宕山への民衆登山の日であるが、登山道の脇で咲く紫色の花が印象的である。円筒形の花穂の周囲に唇形花を下から咲かせる。学名の属名は扁桃腺炎の意味がある。花が終わったころに、刈り取って乾燥させ、民間薬とし利用される。

ダイコンソウ（大根草）

鬼面川の河川敷などを歩くと、黄色の５枚の花弁をもった花を見つけることができる。根生葉は羽状複葉で、頂葉は側葉より大きい。花が終わると、先端がＳ字状に曲がった集合果をつける。

キツネノボタン（狐の牡丹）

おその沢の林道を歩いていると、ダイコンソウに似た花を見た。５枚の黄色の花弁は同じだが、本種は花弁に光沢がある。花後にできた果実は、コンペイトウにそっくりである。

ドクダミ（蕺）

家の敷地、道端にごく普通に見られる。民間薬として知名度は高い。葉をもむと特有な臭気がする。円柱状の花穂には、花弁や萼をもたない花をつける。４枚の花弁のように見えるものは、総苞である。この総苞が八重となったものを見たことがある。

キンミズヒキ（金水引）

低地から山地に普通に見られる。葉は奇数羽状複葉で小葉には鋸歯があり、大きさはそろわない。花は茎の先端に総状につき、黄色い５枚の花弁を持つ。花が終わった後にできる果実には刺があり、衣服につく。

ヨツバヒヨドリ（四葉鵯）

山地の日当たりの良い山の斜面などで見ることができる。3～5枚の葉が輪生するのが特徴。近縁種のヒヨドリバナでは葉は対生する。茎の先端に、淡紅色の頭花を多数つける。花には、舌状花はなく管状花のみで長いめしべが目立つ。

オトギリソウ（弟切草）

日当たりのよい山地に見られる。葉は細長い楕円形で対生する。裏から透かしてみると黒い点が見える。花は、黄色の5花弁をもち、1日で枯れる一日花である。この植物には、弟が兄に殺されるという悲しい伝説がある。民間薬としても知られる。

オオウバユリ（大姥百合）

湿った林内などに生育する。早春の葉は、大型で光沢があるのでよく目立つ。花茎は1mを超し、先端に10～20個の緑がかった白色の花をつける。冬でも立ち枯れした果実を見ることができる。球根にはデンプンを含み、アイヌの人の食料となった。

ヤブカンゾウ（藪萱草）

道端などにごく普通に見ることができる。原産地は中国で、日本に帰化したと考えられている。花は、オレンジ色の八重で夏に目立つ。春先の葉や蕾はおいしい。また、乾燥させて蕾や根は民間薬として利用される。似た花にノカンゾウがある。

ホウチャクソウ（宝鐸草）

五重塔などの屋根の四隅に下げられる宝鐸（風鐸ともいう）に、花の形態が似ていることが名の由来となっている。花被片は白色だが、先端が緑色となる。数は 6 枚でお互いに合着しない。この点が、近縁種のアマドコロと異なる。花後、直径 1 cm くらいの黒紫色の実をつける。有毒植物でもある。

コバギボウシ（小葉擬宝珠）

水田用水路の脇などでよく見かける。葉は狭卵形～楕円形で根生葉のみ。花は、淡紫～濃紫色で横を向く。内側に濃い紫色の線が入る。擬宝珠とは橋や寺院の階段の柱の上につけられる飾り。名前の由来は、蕾の形がその擬宝珠に似ているからという説がある。

ホツツジ（穂躑躅）

高さが 1 ～ 2m の落葉低木。葉は、互生し、倒卵形で全縁。花序は穂状で、花弁は淡紅白色。特徴は、めしべが長く真っすぐに伸びること。近縁種のミヤマホツツジのめしべは真っすぐにならず、先端が曲がる。有毒植物の一種で、蜜にも有毒成分が含まれる。

ノリウツギ（糊空木）

樹皮を水に浸すと粘液が出る。この粘液を紙すきのときの糊にしたことからこの名がある。葉は互生で、卵状楕円形。先は尖る。花序は円錐形で、両性花に 4 枚の萼片をもつ装飾花が混じる。ハナカミキリやハナムグリなどの訪花性昆虫がよく集まるので、「虫や」にとって重要な花。

エゾアジサイ（蝦夷紫陽花）

本州の日本海側多雪地帯を代表する植物。近縁種のヤマアジサイは関東以西の本州、四国、九州に分布し、本種とは住み分けている。花序は、中央の両性花と、周囲に4枚の萼片をもつ装飾花からなる。ノリウツギ同様、ヨツスジハナカミキリやアカハナカミキリが花を訪れていた。

イワガラミ（岩絡み）

名前のとおり、岩や樹木に絡みながら、這い登る、落葉蔓性植物。葉は対生で、広卵形。大きさは10cmほどで先端は尖る。花はエゾアジサイと同じく、両性花と装飾花からなる。ツルアジサイと似ているが、イワガラミにおける装飾花の萼片は1枚であるの対し、ツルアジサイでは4枚であるので区別できる。

ツルアジサイ（蔓紫陽花）

蔓性でアジサイの仲間だからこのような名がついた。幹や枝から気根というものを出して、他の樹木を這い登る。花序は、中央に両性花、その周囲に4枚の萼片をもつ装飾花をつける。別名をゴトウヅルと呼び、花は「虫や」にとっては重要な採集ポイントとなる。

リョウブ（令法）

米沢周辺では、山に行けば簡単に見ることができる落葉小高木。樹皮は古くなると剥がれるという特徴があるので識別は簡単である。総状花序には、たくさんの白く小さな花が円錐状につく。花には、ハナカミキリやミツバチなどが蜜を求めてやってくる。若葉は食用になる。

ウリノキ（瓜の木）

大荒沢の林道沿いで見ることができる。樹高 2 ～ 3m の落葉低木。葉は互生し、長さは 7 ～ 20cm で、浅く 3 ～ 5 裂する。葉の形態がウリの葉に似ていることが名の由来とされる。花は、蕾の段階では円筒形だが、やがて 6 ～ 8 枚の花弁は外側に巻くのが特徴。

オオバボダイジュ（大葉菩提樹）

愛宕山への登山道の横に何本か見ることができる。葉は、長さが 6 ～ 15cm でハート形。葉の裏面に毛が密に生えるため白く見える。花は、10 数個の淡黄色で芳香がある。シナノキの仲間には、苞と呼ばれるものが発達し、果実はこれにくっつきクルクル回りながら落下する（右図）。

ウワミズザクラの実

果実は赤色からやがて黒く熟す。そうなると、動物たちが食べにやってくる。ヒヨドリ、ムクドリなどの他に、ツキノワグマも大好物だ。人も生食の他に、果実酒を作ったりする。野生動物に食べられた果実の種子は、糞として広範囲に散布される。種子はやがて発芽し、他種と共存共栄の道を歩むことになる。

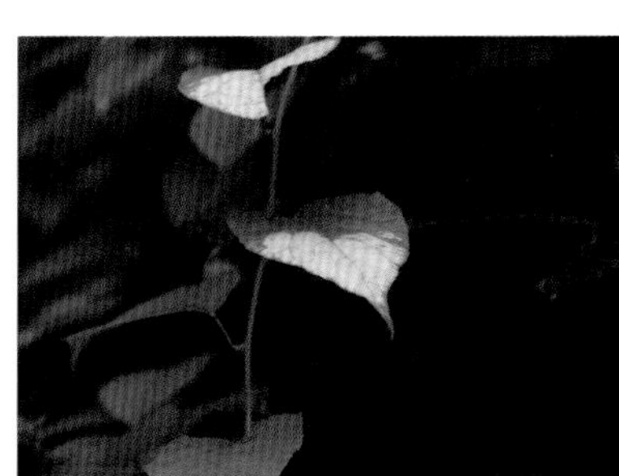

マタタビ（木天蓼）

落葉の蔓性木本。葉は互生し、卵円形。花の時期だけに、葉の表が白く変わるので、山ではよく目立つ（右図上）。雌雄異株で、雄株には雄花（上図）がつく。雌花には花弁がない。果実は長楕円形（右図下）だが、タマバエに産卵されると虫こぶができる。果実は食用にもなる。「猫に木天蓼」という諺は、猫にマタタビを与えると、果実がもつ化学物質が猫に恍惚感を与えることによる。

ウスノキ（臼の木）の果実

樹高 0.5 ～ 1m ほどの落葉低木。ツツジの仲間である。花は釣鐘状で下向きに咲く。色は緑がかった白色で、縦に赤い筋が入り、先端は 5 裂する。果実は直径が 8mm ほどで赤く熟し食べられる。形は臼に似て、先端にくぼみができるのでこの名がある。カクミノスノキ（角実の酢の木）の別名をもつ。

オオバスノキ（大葉酢の木）の果実

ウスノキ同様、ツツジ科の落葉低木。葉は長楕円形。長さは 1.5 ～ 5 cm で裏面主脈に屈曲短毛が生える。花はウスノキに似るが、萼筒が、ウスノキが角張っているのに対し、オオバスノキでは丸い。直径 8 mm ほどの黒い果実は酸っぱく食べられる。

コウホネ（河骨）

茄子で有名な窪田地区を自転車で走っていたとき、小さな川の流れの中に黄色の花を見つけた。コウホネだった。地区の人によって保護されているようだ。葉は水中と水上とで異なる形態をしている。黄色の花弁様のものは萼片で、花弁は退化して小さい。

夏の野山で出会った動物たち

森の生き物は植物だけではない。森の生態系を支えているのは確かに生産者と呼ばれる植物たちであるが、それらが作る有機物に依存した動物の他に、植物・動物の遺体や排泄物を分解する役目の分解者も存在する。それらが相互に関係しあって生態系は多様性に富んでいる。上の写真はミヤマカミキリである。花の終わったオカトラノオの未熟な果実にとまってじっとしていた。そうだ、君も森の重要な構成員なのだ。

ヒメキマダラヒカゲ（姫黄斑日陰）

八谷のブナの森に出かけたときに、葉に止まる個体を見ることができた。ヤマキマダラヒカゲと比較すると、羽根の裏面の模様は比較的単純で、蛇の目紋も少ない。

ツマグロヒョウモン（褄黒豹紋）

ヒョウモンチョウの仲間だが、オスとメスの翅の模様が著しく異なる。オスの表の翅は、ヒョウモンチョウ類に典型的な豹柄であるが、メスでは図のように、前翅先端は黒地に白い帯が入る。

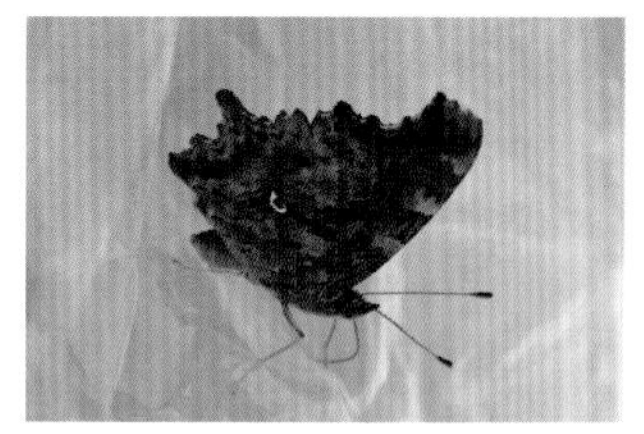

シータテハ（C 立翅）

道の駅「田沢」で休んでいると、自動販売機の空き缶入れのところに止まって、口吻を出して盛んに液体を吸っていた。名前の由来は、後翅の裏にアルファベットのＣの文字があることによる（右図）。表の翅はキタテハに似て、オレンジがかった黄色に黒の斑模様。早春の日当たりのよい林道などで見かけることもある。それらは成虫で越冬した個体だ。

トラフシジミ（虎斑小灰蝶）

裏翅の模様を見ると、名前の由来が理解できる。暗灰色の縞模様（右図）が虎の模様を連想させるためだ。表翅はコバルトブルーで美しい。

ミドリヒョウモン（緑豹紋）

表翅は、ヒョウモンチョウ特有な豹柄であるが、裏の後翅は緑色を帯びるのでこの名がある。ヒョウモンチョウの仲間は夏の暑い時期は夏眠するので、活動する時期は初夏や秋に限られる。

イチモンジチョウ（一文字蝶）

黒地に前翅、後翅にかけて一条の白斑が並ぶのでこの名がある。コミスジなどと同じ属だが、飛び方が全く異なり、本種の方が力強く速い。近縁種のアサマイチモンジでは、前翅中室に明瞭な白紋があるので区別できる。

ルリシジミ（瑠璃小灰蝶）

翅の表面の色が青紫色（瑠璃色）で、小型の蝶なのでこの名がついた。図では数頭が動物の糞に集まっている。水分やミネラル分を補給しているのだろうか。似たシジミチョウにヤマトシジミがあるが、前翅裏面の斑紋のあるなしで識別できる。

コチャバネセセリ（小茶羽挵）

山では普通に見られるセセリチョウの仲間。翅の表は黒褐色で白い斑紋が目立つ。裏は茶色を帯び黒い筋が入る。図のように、翅を半開きの状態で葉などに止まることがある。この姿は某国のジェット機を連想させる。

アサギマダラ（浅葱斑）

浅葱色とは、ごく薄い藍色のことで、和名は翅の鱗粉の少ない部位の色に由来する。長距離を移動することで知られている。翅の半透明の部分にマーキングした後に再び放蝶し、移動のルートを調査する研究が行われている。

アカシジミ（赤小灰蝶）

翅の表は橙色で、本種の名前の由来となった。翅の裏面には、白い縁取りのある茶褐色の帯が明瞭である。後翅の尾状突起は黒い。夕暮れ近くなると、活動が活発となる。

キンモンガ（金紋蛾）

愛宕山周辺ではごく普通に見られる。黒地に薄い黄色の紋が遠目でもよく目立つ。昼に活動するために、一見、チョウのように見えるがガの一種。チョウとガの違いは触角を見れば判断しやすい。チョウは先端がマッチ棒のように膨らむのに対し、ガでは先端は細く終わるのが一般的で、時に櫛の歯状になったりする。

ヨツスジハナカミキリ（四条花天牛）

リョウブやノリウツギの花に好んで訪れる訪花性昆虫の一種。特徴は、硬い翅（上翅という）の部分に黒と黄色の模様があること。これが和名の由来となった。トラフカミキリはスズメバチに擬態して身を守っているが、本種もハチに擬態していると考えられている。

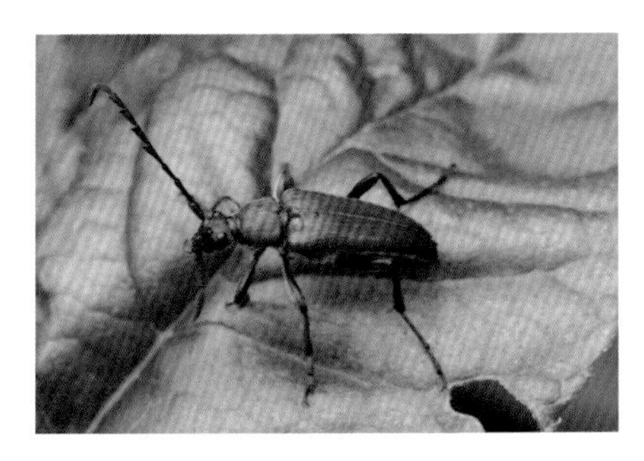

アカハナカミキリ（赤花天牛）

訪花性昆虫の一種で、ヨツスジハナカミキリと一緒にいることがある。カミキリムシの仲間には飛翔が苦手な種類がいるが、ハナカミキリの仲間は、ハチのように花から花へと飛んで移動する。

シラホシカミキリ（白星天牛）

上翅は、茶褐色の地に 10 個ほどの白い紋が特徴で、これが和名の由来となった。胸部には、縦に白い条がある。成虫はサルナシの葉を食べる。

アオジョウカイ（青浄海）

カミキリムシに似るが全く異なる科の甲虫。上翅は緑がかった藍色で軟らかい。前肢の出る前胸部の側縁部は黄色。友達が「カミキリムシ」みつけたと言ったときに、「ジョウカイボン」だよと教える君は偉い。

シロテンハナムグリ（白点花潜）

近縁種にシラホシハナムグリがあり、同定には、上翅の白い斑点の違いを調べる必要がある。両種とも、花や樹液を求めよく飛びまわる。飛び方は、カブトムシとは異なり、硬い前翅を大きく上に立てずに後翅で飛ぶことができる。このように飛べるのは他にカナブンがいる。

マメコガネ（豆黄金）

小型のコガネムシで米沢周辺でもごく普通に見られる。前胸部は緑。前翅部は褐色だが、体全体が金属光沢をもつ。マメ科植物などの花や葉などを食べる。アメリカで大繁殖し、農業害虫として駆除されている。

セマダラコガネ（背斑黄金）

マメコガネ同様、よく見られる普通種である。名前の由来は、前胸と前翅に斑模様があることによる。植物を食べる農業害虫でもある。図はクリの花を訪れている個体である。

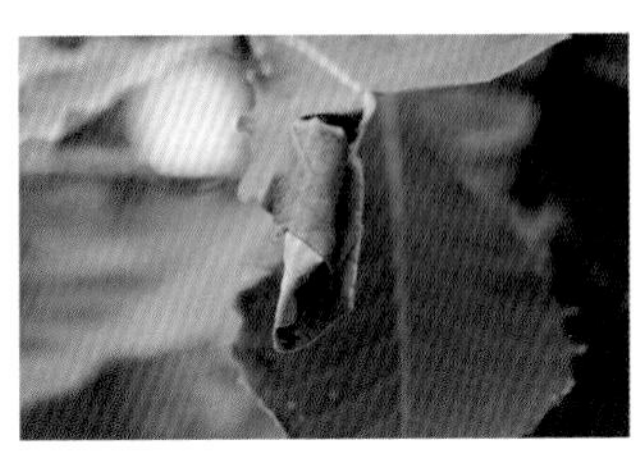

オトシブミ（落とし文）

横から見ると、頭部は卵を両端から伸ばしたような独特な形態を持ち、前翅は赤いので同定しやすい。この仲間の特徴は、メスが葉を噛み切り丸め、揺籃（右図のようなもの）をつくることである。揺籃の中には、卵が１個産みつけられている。しかし、この甲虫に「オトシブミ」という名を与えたひとは偉い。

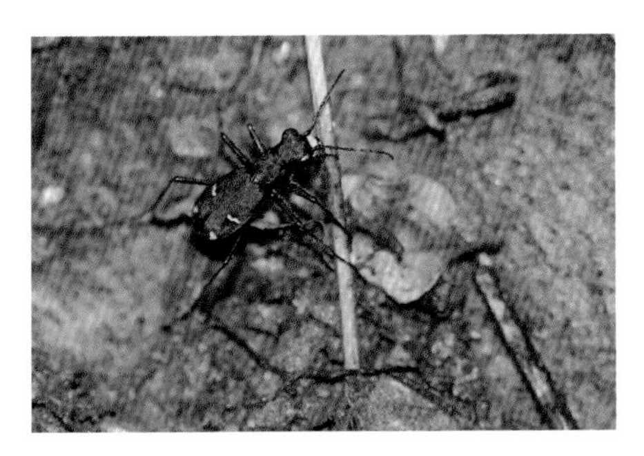

ニワハンミョウ（庭斑猫）

山道を歩いていると、足元をチョロチョロと歩く小さく地味な昆虫に出会う。ハンミョウの仲間だった。ハンミョウは大型で飛ぶ宝石などと呼ばれ美しいが、このニワハンミョウでは、前翅は暗銅色～暗青色で、白い紋がある。

キマワリ（木廻）

幼虫も成虫も朽木を食べるので、木のまわりで見ることが多い。これが和名の由来となったとされる。特徴は、長い肢と、体を横から見たとき、前胸、前翅が丸まっている点である。光沢のある前翅には、浅い溝がいく筋も見られる。

ゲンゴロウ（源五郎）

オオゲンゴロウなどの別名があるくらい、大型の水生昆虫。体は遊泳に適した流線型をしている。全体に黒色だが、前胸、前翅部のへりは黄色である。前脚は獲物を捕えるためツメ状になっている。後脚には遊泳毛が生え、水中を泳ぐのに適している。全国的に数が減少し、環境省は絶滅危惧種に選定している。

モノサシトンボ（物差し蜻蛉）

腹部の各節の基部に白い紋があるのが特徴で、これが物差しに似ていることが和名の由来となった。両複眼は、大きく離れている。オスの体は淡青色だが、メスでは黄色となる。

ニホンカワトンボ（日本川蜻蛉）

川岸に草が生い茂っていたり、川から石などが出ているような清流で見られる。体の色は、はじめは金属光沢をもつ青緑色をしているが、じょじょに腹部全体に白い粉を吹く。米沢周辺では、翅は橙色。オスは縄張りをもち、自分の領域に入る他のオスを追い出す行動が見られる。

コオニヤンマ（小馬大頭）

オニヤンマに似たトンボを見かけたが、なにか雰囲気が異なる。複眼がオニヤンマではくっついているのに対し、本種では、離れている。また、オニヤンマは葉や枝にぶら下がるように止まるのに対し、本種は葉や地面に「ベタッ」と張り付くように止まる。

アカスジキンカメムシ（赤条金亀虫）

ハンミョウは「飛ぶ宝石」と呼ばれるが、本種は「歩く宝石」と呼ばれる。緑の地に赤い条が入りとても美しいカメムシ。クサギカメムシなどは、刺激を与えると悪臭を放つことが知られているが、この種はあまり強烈な臭いはないらしい。外敵からどうやって身を守っているのだろう。

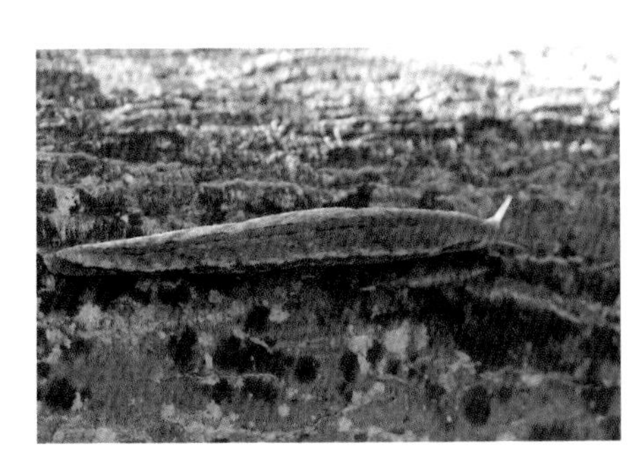

ヤマナメクジ（山蛞蝓）

普通、ナメクジというと梅雨のときなどに、コンクリートの上などで見られる種類をイメージするが、本種は、山で見られる大型のナメクジ。時に、15cm に達する個体もある。キノコが大好物。

ヤマトシリアゲムシ（大和挙尾虫）

ペルム紀の地層から化石が見つかるほど、太古から生き残る原始的な特徴をもつ昆虫。翅には 2 本の黒い帯が目立つ。昆虫の体液を吸って生きている。サソリのように尻が上に上がるのでこの名がついた。

アワフキムシ（泡吹虫）

アワフキムシは植物の茎と葉柄の間に泡巣をつくるのでこの名がある。泡は、茎の道管から吸った余分な水分を石けんで泡だてたものだ。アリなど気門をもつ種は、気門にこの石けん水が入るので呼吸ができなくなる。だから泡巣内は安全だ。

カゲロウ（蜉蝣）の亜成虫

昆虫の変態には完全変態と不完全変態が知られているが、カゲロウの仲間は少し違う。カゲロウの仲間は幼虫→亜成虫→成虫と変態する。亜成虫は成虫と比較して毛が多く、翅が不透明である点が特徴であるが、成虫同様に飛翔能力はある。もう一度脱皮して成虫になる。

ニホンザル（日本猿）

国道 121 号線を自転車で走っていると、ハリエンジュの木に登って盛んに花を食べているニホンザルのグループを見た。ハリエンジュはすぐれた蜜源となるが、花を食べても蜜の甘い味がするのであろうか。米沢周辺では数グループが生息しているようだが、群れの数や行動範囲など詳しいことはわかっているのだろうか。

Column

昆虫採集

子供はものを集めるという習性があるらしい。私の小さい頃には、いろいろなものを集めた。はじめに集めたのは、牛乳びんの口を覆う青いビニールだった。次は、切手、古銭、土器や石器なども興味をもった。しかし、最も熱中したのは、昆虫採集だった。成島の鬼面川の河川敷は、いまではきれいに整備されているが、以前は、ヤナギやハリエンジュが生える林だった。夏近くなると、買ってもらった中古の自転車で、河原まで行き、ヤナギの幹をよく見ると、樹液を吸いにきているヨツボシケシキスイやヨツボシオオキスイがたくさん採れた。ときには、カブトムシやノコギリクワガタ、コムラサキなども採集できた。

夏休みが終わり、児童は夏休みの自由研究を提出する。この作品群のなかでW君の昆虫の標本を見て驚いた。きれいに展翅されたチョウやガが、手製の標本箱に納められていた。各標本にはラベルもつけられていた。その後、W君とは昆虫を介して仲良くなり、一緒に採集にでかけることもあった。雨上がりの河川敷では、クジャクチョウが地面で翅を休めていた。それを捕まえることをW君は自分に譲ってくれた。次の夏休みの自由研究に、いろいろな昆虫のからだの構造を調べることを課題に選んだ。乾燥させたチョウや甲虫、バッタをばらばらにして、白い画用紙に張り付けたものだ。担任のH先生の評価は高かった。しかし、後に開かれたクラス会で、「おまえの夏休みの自由研究、虫ばらばらにして、かわいそうだった」と言われた。そうか、その当時は、クラスメイトの多くはこんな感想をもっていたのかと、改めて想い返した。

Column

ホタルと河川工事

私が小さい頃住んでいた旧玉庭町では、初夏、「ホタルを鑑賞する夕べ」が開催された。その当時は、近くの木場川には、たくさんのホタルが夏前になると飛び交うのであった。木場川とは、むかし木流しが行われた川なので、このように呼ばれ、岸辺にはススキなどが生える水のきれいな川だった。自宅の前には、木場川から水を引いた小川が流れ、この川にもホタルは生息していた。まだ、蚊帳をつっていた当時、蚊帳の中にホタルを入れて遊んだことを思い出す。

ところが、昭和40年の終わり頃からか、河川工事が進んでいった。その工事とは、石でつくられた川岸をコンクリートで覆う工事のことで、川は石の隙間や、川底の水草などが消え、生物にとっては住みにくい環境となる。ドジョウやカワニナ、ホタルの幼虫などの生き物は河川工事の生贄となっていった。恐らく、このような工事は、全国いたるところで行われ、多くの生き物がその犠牲となったに違いない。そして今、工事によって失われた環境を元の姿に戻す活動が少しずつ進みつつある。

低炭素社会や脱炭素社会の実現が叫ばれているが、具体的な道筋がまだ見えていないのが実情ではないか。政府は2050年までに脱炭素社会に移行すると宣言しているが、多くの人は、現在享受している利便性を手放しはしないし、経済的に成り立っていかない気がする。私は常々感じている。地球環境の変化を緩やかな坂の途中に止まったとても大きな玉に例えると、動かすことはとても困難だが、いったんころがり始めたら、もはや誰にも止められなくなる。やがて、大きな地球規模の破局を迎える。そんな未来は誰も望んではいない。

Column

フィールドサイン

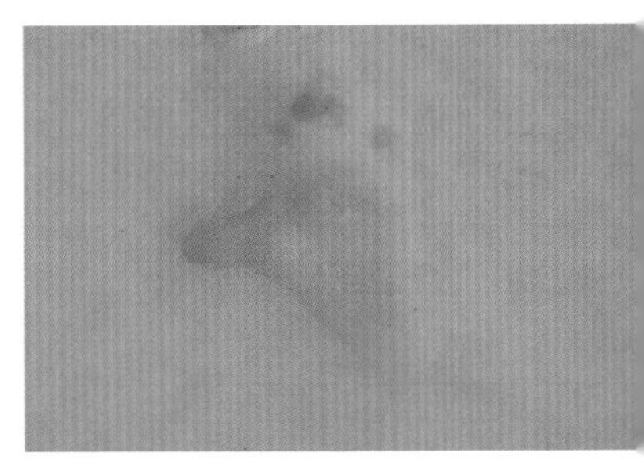

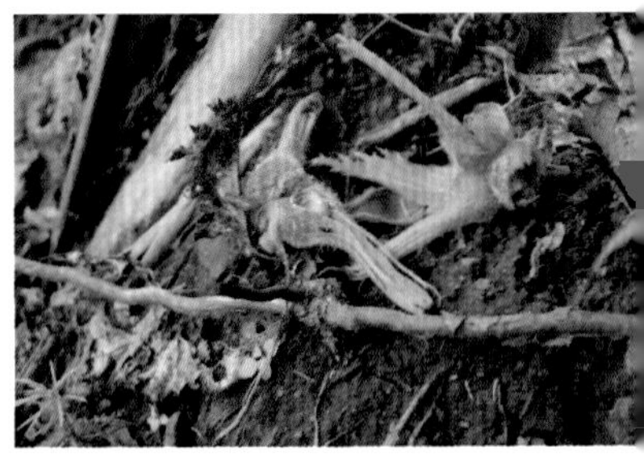

野外を歩くと、動物の痕跡を見つけることが度々ある。例えば、軟らかい土や雪には、足跡がたくさん見つかる。カモシカは偶蹄目に属しているため、土には明らかなＶの字の蹄痕が残る（写真上）。ニホンザルは霊長目に属し、ひとの手足に似た痕を残す（写真中央）。これら動物が野外に残した痕跡のことをフィールドサインと呼んでいる。足跡の他に、食事の痕や糞などもフィールドサインとなり、動物の生活の一端を垣間見ることができる。

西向沼のほとりを歩いていると、ツノハシバミのかじられた実が落ちていた（写真下）。これは誰の仕業だろうか。ツノハシバミの実は、ひとも食べることがあり、山のおやつとしておいしい。木に成るので、木登りができなくては実は得られない。さらに、中の実だけを上手に食べている。恐らく、ニホンザルの食痕とおもわれる。ニホンザルの食性は、植物果実から昆虫まで食べる雑食性だ。軟らかい葉や花も好物でよく食べる。よく食べた後は、排せつもしなければならない。愛宕山への登山道にニホンザルのものとおもわれる落し物があった。群れも近くの藪にいた。ニホンザルの落し物は、小さな体にしては立派だった。

秋の森

9月、10月、11月ころ

秋の野山へ　―実りと紅葉―

米沢の周辺には落葉広葉樹が多いので、昼夜の寒暖差が大きくなる頃には、紅葉が進む。紅葉とは葉が赤や黄色に変化する現象であるが、次のようなしくみで起こる。葉のクロロフィルという緑色色素がじょじょに分解され葉は緑色を失う。しかし、カロテノイドという黄色色素は葉に残るために葉は黄色に変わっていく。一方、赤い色は、アントシアニンと呼ばれる赤系統の色素が、細胞の中の液胞というところでグルコースから合成されることによる。紅葉が終わると、葉はやがて落ち、木々は寒い冬に備える。冬に落葉するのは、低温で光合成できないためと根からの水分が得られにくいことによる適応反応である。

ブナ（橅）

ブナの紅葉は赤ではなく黄色だ。もっとも美しい時期は短く、葉はやがて褐色に変わっていく。ブナ科の堅果は普通丸いが、ブナの実だけは三角形で変わっている。タンニンなど渋味がないのでツキノワグマはよく食べる。人間も山蕎麦などと呼び食べている。しかし、ブナの実の豊作は数年に一度だけだ。

カメバヒキオコシ（亀葉引起こし）

斜平山の麓などで多く見られる。葉は4～10cmの広卵形で、葉の先端が3裂するが、中央の裂片が特に長く伸びる。この葉の形態が、亀が甲羅から尾を伸ばした様子に似ていることが和名の由来となった。茎の先端や葉腋から花穂を出してたくさんの青紫色の唇形花をつける。

アケボノソウ（曙草）

センブリの仲間の2年草。和名の由来は、花冠の斑点を、白くなりかけた夜明けの空に残る星々に見立てたことによる。山間の湿地を好む。花冠は4～5深裂し、裂片の先端部に濃緑色の細点と黄緑色の腺体がある。腺体からは蜜が出るため、小さなアリが舐めに来る（右図）。

オクトリカブト（奥鳥兜）

斜平山の急斜面が終わり、平らになる場所でたくさん見られる。葉は５～７中裂する。花は青紫色で、特徴は烏帽子形をしていること。よく知られた有毒植物の一種で、特に根には「アコニチン」と呼ばれるアルカロイドを多く含む。

サラシナショウマ（晒菜升麻）

サラシナの意味は、若菜を煮た後、水に晒したことによるとの説がある。葉は２～３回３出羽状複葉で、小葉は卵形～楕円形。葉縁には鋸歯がある。花は総状花序で、長くブラシ状で遠くからでもよく目立つ。乾燥させた根茎は升麻と呼ばれ、風邪薬として利用される。

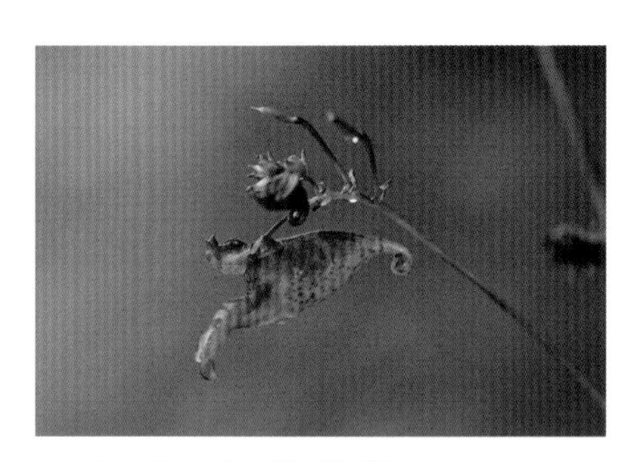

ツリフネソウ（釣船草）

川のそばなどの湿った場所を好む。葉は、菱状楕円形で鋸歯をもつ。花は、紅紫色の３個の花弁と、花弁と同じ紅紫色の３個の萼片からなる。特に、下の萼片は袋状で、末端は細い距となり丸まる。丸まった部位の蜜を求めてマルハナバチがよく花を訪れる。

キツリフネ（黄釣船）

ツリフネソウと混生している場合が多い。花の形態はツリフネソウと同じだが、本種では、花弁と萼片の色が黄色となっている。ツリフネソウと同じく、花が終わった後にできる果実は蒴果で、熟すと果皮が裂け、クルクルと丸まり、その力で種子が飛ばされる。

ノブキ（野蕗）

キク科の多年草。葉は茎の基部に集まって生ずる。形は三角状心形でフキの葉に似ているが葉柄に翼をもつことが大きく異なる。茎の先端に円錐花序を生じ、白く小さい目立たない花をつける。果実（右図）はこん棒状のものが放射状に並び、先端は粘る。人や動物に付着して種子は散布される。

サワアザミ（沢薊）

渓流や沢筋を好むのでこの名がある。花の時期は 9 ～ 10 月で、アザミ属のなかでは秋咲きである。葉の先端のトゲは痛くはない。花は下向きに咲き、総苞は粘らない。総苞の下には 4 ～ 6 枚の苞葉がある。

コウゾリナ（剃刀菜）

開けた野原で、次のベニバナボロギクと一緒に咲いていた。この植物の特徴は、全体に先が鉤状になった剛毛が生えていること。この鋭い毛がカミソリを彷彿させるのでこの名がついたのだろうか。キク科の花は舌状花と管状花を持つものがあるが、これはタンポポなどと同じく舌状花のみ。

ベニバナボロギク（紅花襤褸菊）

アフリカ原産の一年生の帰化植物。葉は、楕円形〜倒卵形で薄く軟らかい。花は管状花のみで、先端がレンガ色となるのが特徴。春の若い葉は食べられるとあるが、米沢では採るひとは少ない。シュンギクに似た香りがあるという。一度挑戦してみよう。

アキノノゲシ（秋の野芥子）

野原などに普通に見られる。茎は時に2mにまで成長する。葉は茎の位置で異なる。下部では大きな切れ込みが入るが、上部の葉は、切れ込みはなく細長い。花は舌状花のみで、管状花はない。

ナガホノシロワレモコウ（長穂の白吾亦紅）

口田沢の休耕田で見かけた。葉は羽状複葉で、小葉は 11 〜 15 枚。縁に鋸歯がある。花は枝分かれした茎の先端に穂状につく。花弁はなく、白い萼片が花の色となっている。よく見ると長いおしべの先端が黒くなっている。

クロバナヒキオコシ（黒花引起こし）

ナガホノシロワレモコウと同じ口田沢に咲いていた。米沢ではあまり見かけない。一緒に観察を行ったＴ君は、新潟の魚沼地方にはこればかりだと言っていた。シソ科らしく茎は方形で、葉は対生。円錐花序に小さく暗紫色の唇形花をたくさんつける。

クサボタン（草牡丹）

斜平山で数は少ないが見られる。葉は1回3出複葉で、小葉は卵形で3つに浅く裂ける。淡紫色の花弁のように見えるのは萼片で、先端は反り返る。ボタンヅルと同じ仲間だが、本種は蔓性ではないが、花後にめしべの花柱が羽毛状になる点は共通。

ミゾソバ（溝蕎麦）

水田脇の用水路などで普通に見られるタデ科の一年生草本。葉の形に特徴があり、先端は鋭く尖るが、基部は耳状に張り出して牛の顔のように見える。このことから「ウシノヒタイ」という別名をもつ。花は、頭状花序に10～20個集まって咲く。花弁のように見えるのは萼片で、先端は淡紅色で基部は白い。

オケラ（朮）

米沢市広幡成島の低山は私のフィールドワークの場所である。そこでこの花を見つけた。葉は奇数羽状複葉で硬く、鋸歯はトゲ状となる。花は管状花が集まった頭花で色は白い。頭花の下にある総苞には魚の骨のような総苞片があるのが特徴。春の若葉は食用となる。根は漢方薬となり、正月に飲む御屠蘇にも含まれている。

タムラソウ（田村草）

愛宕山への登山道脇に咲いていた。葉は互生で羽状複葉。葉を触ってもチクチク感がない。花はアザミ属のものに似ているがアザミの仲間ではない。紅紫色の頭状花は管状花のみで構成される。

フユノハナワラビ（冬の花蕨）

道の駅「田沢」横の休耕田で何本か生育していた。このシダはとても変わっている。栄養葉は秋に出て、冬を越し、夏には枯れてしまう。また、胞子葉（図）には、直径 1mm ほどの黄色い胞子嚢を多数つける。ブドウの実と例えることもあるようだが、まるでカエルの卵だ。

メグスリノキ（目薬の木）

5 月、大荒沢の森を T 君と観察をしていると、カエデの仲間の本種を見つけた。樹皮や葉を煎じた汁は眼病に効果があることが和名の由来。葉は 3 出複葉で、葉裏や葉柄には毛が多い。翼を持った果実（翼果）は大型。秋の紅葉は特に美しい。

ヤマウルシ（山漆）

上杉鷹山の時代に、ロウを得るために山に植林されたのが中国原産のウルシで本種とは異なる。しかし、ウルシの仲間は秋の紅葉がみごとだ。特に、ヤマウルシはいち早く赤に染まり、まだ緑の山でよく目立つ。

ミズナラ（水楢）

落葉広葉樹の代表選手的な高木。葉は枝先に集まってつく。葉身は倒卵形から楕円形で、葉柄はごく短いのでコナラと区別できる。秋には紅葉するが、特に若木はきれいな赤となる。

カラハナソウ（唐花草）

蔓性で他の植物などにからみつく。雌雄異株で、雌株につく雌花が変化した果穂は若いマツカサのような形をしている。ビールに苦みを加えるために使うホップがセイヨウカラハナソウの果穂を使うが、本種も苦みは少ないもののビールに加えて楽しむ人がいる。

コシアブラ（漉油）

コシアブラの樹皮を傷つけて得られる樹脂液は、かつては、漆のように天然樹脂塗料として使われた。葉は掌状複葉で小葉は５枚で大きさが異なる。秋に、きれいに黄葉する。木材は白く、笹野一刀彫を作る材料に用いられている。

ノブドウ（野葡萄）

イヌブドウとかカラスノドウなどと呼ぶ地方がある。和名にイヌとかカラスの語がつくと、役にたたないことを意味する。本種の果実もまずく食用には適さない。しかし、果実の色が青や紫となって美しい。果実の本来の色は白だが、虫が寄生することで色がつく。

ミヤマウメモドキ（深山梅擬）

神原の休耕田の横を調べていたら、T君が珍しいミヤマウメモドキがあると教えてくれた。東北地方～近畿地方の日本海側で見られる。氷河期の遺存種とされる。6月に白い花を咲かせ、秋には赤い実がよく目立つ。ウメモドキより葉が細長いのでホソバウメモドキとも呼ばれる。

ケンポナシ（玄圃梨）

口田沢の国道121号線に1本あった。初夏に淡緑色の小さな花をたくさんつけ、ミツバチが蜜を集めに忙しい。秋には球形の果実ができるが、果実（右図）には果肉はない。その代わり、果柄が肥大し、熟すと梨の香りがして甘くおいしい。サルが見逃すはずはない。

アオハダ（青肌）

大荒沢の林道沿いに大木が１本あった。樹皮を剥ぎ、緑色の内皮が見えるので判断できる。秋には、赤い実（右図）をつけるが、ツキノワグマの大好物なので、実が熟す頃には、周囲に気をつけたい。クマが藪の中からこちらを伺っているかもしれない。

ミヤマガマズミ（深山莢蒾）

愛宕山登山道脇で見られる種類は、ガマズミよりミヤマガマズミが多い。葉の毛の多さでも区別できるが、赤い果実でも区別できる。ガマズミは小さく、形が紡錘形で上を向く。一方、本種は、形は球形でやや大きく、図のように垂れ下がる特徴をもつ。味は、ガマズミに劣る。

アズキナシ（小豆梨）

実の形が小豆に似ていることと、果実の表面にある白い点々がナシの実のものに似ていることが和名の由来となっている。イワナシ、サルナシなど語尾にナシとつくとたいてい食べられる果実だが、このアズキナシでジャムを作ったという話は聞かない。

カンボク（肝木）

葉がついている時期には、葉の形からカンボクと判断できるが、葉が落ちた晩秋には、なかなか区別できにくい。鳥たちは熟した果実を盛んに食べるが、このカンボクのだけは、冬の時期も枝に残る。おいしくないからだ。この植物では、種子の散布はどうしているだろう。

アケビ（木通）の果実

山からアケビの実を採ってくると、中の甘い果肉を子供がおやつとして食べ、外側の果皮の部分は大人たちの酒のつまみとなった。しかし、苦いので、中に甘く味付けた味噌などを入れてフライパンでソテーして食べる。

ミズナラ（水楢）の果実

ブナ科の堅果は一般に、ドングリと呼ばれ、動物の大事な食料となる。特に、ツキノワグマには好まれ、冬眠前に脂肪をつけるためにさかんに食べる。しかし、一部のドングリを除き、実にはタンニンを含み、かなり苦い。ひとが食べるためには、渋抜きをしなければならない。

タムシバ（田虫葉）の果実

コブシの果実と同じように、ひとの握り拳のようないびつな長楕円形をした袋果をつくる。熟すと袋が割れて、赤い種子が白い糸状の組織でぶら下がる。この糸状の組織は鳥の好物で、多くの鳥が食べに来る。

コマユミ（小真弓）

秋も遅いころ、薄紅色の果実の皮は割れ、中から真っ赤な２個の種子が顔を出す。この種子は、野鳥の好物でコガラなどが食べる。また、実が垂れ下がる様子が花かんざしに似ていることから「嫁のかんざし」と呼ぶ地方もあるという。

ツルアリドオシ（蔓蟻通し）

登山道などを歩いていると、足元に赤い果実が目にとまる。常緑蔓性の多年草。２個の花の子房が合着し球形になったので、果実表面には萼のあとが２個見える。「連理の楓」という表現があるが、このツルアリドオシもどうしてどうして。

森のキノコ

森の生態系の中で、仮にキノコなどの菌類がなかったならばどうなるのだろうか。キノコのなかには、木材腐朽菌といって、樹木を構成するリグニンやヘミセルロースを分解するものがある。このナメコもその仲間で、枯れた樹木を土に帰す大事な働きをしている。これら菌類がいなくなると、枯れた樹木はなかなか土に帰らず、生態系は生物にとって不都合な環境になってしまう。キノコも森の重要な構成員だ。

タマゴタケ（食）

子実体（キノコ）は、はじめは、白い外被膜に覆われ、やがて頭部が裂開（右図）し、カサおよび柄が伸び始める。カサは深い赤色で、毒茸をイメージさせるが、無毒で食用になる。カサを小さく裂いて、バターで炒めるとおいしい。

ヤマドリタケモドキ（食）

斜平山の峯の道を歩いていると、イタリアでよく知られたポルチーニ茸そっくりなキノコを見つけた。カサの色と形、膨らんだ柄および柄の網目模様で判断した。さっそく裂いて、乾燥させ、ごはんにして食べたが、良い香りが印象的だった。

アカヤマドリ（食）

ヤマドリタケモドキ同様に、峯の道を歩いていた時に見つけた。イグチの仲間はカサの裏に特徴がある。シイタケなどはカサの裏がひだ状になっているが、イグチ科は管孔と呼ばれるチューブ状の構造になっているのでわかりやすい。さらに、イグチ科のキノコでは、毒茸は亜高山帯の針葉樹林に発生するドクヤマドリだけだ。

ヒラタケ（食）

かつては、栽培したヒラタケを「シメジ」としてスーパーなどで販売されていたが、今は「ヒラタケ」の名で売られている。枯れた広葉樹で見つかる。白色腐朽菌の一種でおいしいキノコだ。私は、炊き込みご飯で頂いた。

ムキタケ（食）

斜平山ではたくさん採ることができるキノコである。カサは心形から腎臓形で、色は茶褐色をしている。表皮がはがれやすいのでこの名がある。白色腐朽菌の一種で、枯れた広葉樹につく。味は淡白で、鍋料理によく使われる。

ツキヨタケ（毒）

ひだに発光物質を持ち、夜でも弱く光るため、この名がある。ムキタケと誤って食べ、中毒の例が毎年のように発生する。柄を縦に裂くと、紫黒色のしみのようなものがあるので区別できる。また、太く短い柄があるのも特徴の一つ。

クリタケ（食）

広葉樹のコナラ、ミズナラの切り株などに発生する。カサの色はレンガ色で、この色が名前の由来となった。触感はボソボソしているが、我が家では、大根おろしを入れた味噌汁などにして食べている。毒成分を含むので大量に食べないこと。

ササクレシロオニタケ（不明）

森を歩いていたら、真っ白なキノコを見つけた。丸いカサの上には突起がたくさんついている。これが鬼の「ツノ」を連想させるのか。柄には、ササクレがある。毒性に関しての情報がないが、食べないほうが無難。

スッポンタケ（食）

幼菌は卵のような形をしているが、やがて白い柄と暗緑色のカサが出てくる。カサが展開すると、カサの部位から悪臭を放つ。これが、ハエを呼び寄せ、胞子を運んでもらう。

テングタケ（毒）

三沢西部小学校の横で自転車を止め、休憩していると、校庭の隅にキノコがたくさん生えていた。猛毒のテングタケだった。誤って食べると、15 分後くらいから、下痢や嘔吐の症状が出る。

クサウラベニタケ（毒）

食菌のウラベニホテイシメジとたいへんよく似ているので注意が必要だ。ウラベニホテイシメジはカサの表面に指で押したようなくぼみが見られる。また、本種の柄は中空でもろい。ホンシメジとも似ているが、カサの裏の色で判断できる。ホンシメジは白い。

Column

ケンポナシの味

新潟のＴ君と一緒に米沢の植物を調べていた時、国道121号線沿いで、ケンポナシの大木を見つけた。秋も深まる10月だったので、枝には果実がついていた。一つ取って食べてみたら、そのおいしさに驚いた。そこで、ハタと思いついた。いつか、植物観察会の折に、子供たちにこの味を体験してもらおう。

ケンポナシの葉をかじった後に、砂糖を食べても、しばらくは甘みを感じられない。これは、ホズルシンという化学物質が含まれるためで、ギムネマ酸と同じく、味細胞の表面にある甘み物質受容体にこの化学物質が結合し、受容体と甘み物質の結合を阻害するためと考えられている。

植物名に「〇〇ナシ」とあるのは、ひとが食べても大丈夫なものが多い。例えば、春に雪が解けた日当たりのよい場所で見かける「イワナシ」やツキノワグマも大好物な「サルナシ」はどれも食べられる。しかし、イワナシの果実は小さいので、ひとが食べるとなると、相当な数を採取しなければならない。「サルナシ」は1個が結構な大きさがあるので、味わうのに、1個でも十分だ。

2020年は、コロナが世界的に流行し、毎年行われている祭りなどは、ことごとく中止となった。当然、人が密になる観察会などは、開催できないだろうなどと、考えながら国道121号線沿いのケンポナシの木を見に出かけたら、きれいに伐採されていた。ここ以外の場所で、ケンポナシの木を探さなくてはならない。従って、私の夢はまだ実現していない。

Column

クマと出会う

秋、米沢市内を自転車で走っていると、「クマに注意」の立て看板をよく見かける。米沢に限らず、山形県では熊の出没情報は多い。隣県の秋田では、死者も出ている。幸い、米沢では、死者は出ていない。

山に入る時には、熊鈴は必需品だ。それでも、山では熊に遭遇することがある。その時には、熊との距離がある場合には、静かに熊とは逆方向に歩いて行けばよい。また、山道で突然近くに現れた場合には、大きな声などを出さずに、熊に背を向けないで、ゆっくりと後ずさりすると、熊も安心して、襲ってはこないと本には書いてある。しかし、そんな冷静な行動が自分にはできるか、自信がない。

樹皮に大きな爪痕を見ることがある。(写真左)。こんなに大きなものは他の動物では無理で、確かに、熊が出没した証拠だ。熊は冬眠のために、体にたくさんの脂肪を貯めるために、ブナの実やミズナラのドングリ、さらに果実を食べる。果実では、サルナシやアオハダの実が好物のようだ。秋、大荒沢の林道を歩いていると、アオハダの太い枝が折られている(写真右)。人やサルの仕業とは思えない。おそらく、好物のアオハダの実を食べるために、実のついた枝を強引に折ったと推理し、この地域を縄張りとする熊がいると確信した。そして、翌年、同じ林道で本物の熊に出会うことになるとは、この時は考えもしなかった。

冬の森

12月、1月、2月ころ

冬芽の表情

落葉広葉樹は葉を落とすことで、低温と乾燥という厳しい冬を乗り切ろうとしている。春になると、花芽や葉芽が伸びてくるが、冬の間は冬芽のなかでじっと待っている。この冬芽の形は植物によって異なり、それぞれの表情を見せてくれる。また、葉が落ちたあとの葉痕の形もやはり植物によって様々である。

冬芽には芽が芽鱗で覆われる鱗芽と芽鱗で覆われない裸芽とがある。タムシバの冬芽はたくさんの毛で覆われた鱗芽で、いかにも暖かそうだ。２月、その冬芽に雪の結晶が降り立っていた。

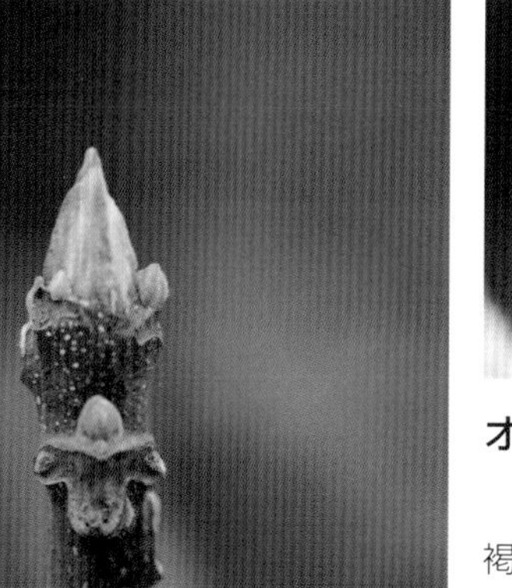
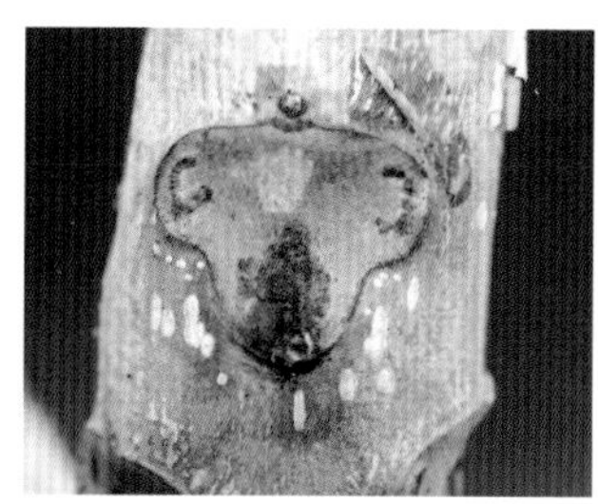

オニグルミの冬芽と葉痕

頂芽は円錐形で大きく、先端は尖り、褐色の短い毛が生えている。この中に春に展開する葉の基がしまいこまれている。葉は小葉が５～９対からなる羽状複葉で大きい。葉痕（右図）はとてもおもしろい形をしている。サル、ヒツジ、ピエロと枝の位置によって形も異なる。

ヤマウルシの冬芽

本種の冬芽は裸芽である。頂芽は褐色の毛に覆われ毛布をかぶったようだ。形は球形～卵状楕円形をしている。葉痕の形は特徴的で、サルの顔に見えなくもない。葉痕の模様は、維管束の痕で、葉がついていた時に、水や葉で作られた栄養がここを通った。

オオカメノキの冬芽

冬芽には葉芽と花芽とがあるが、これらは細長いので葉芽である。花芽は球形をしているので区別できる。この葉芽を見たひとが、ウルトラマンに出てくるバルタン星人のハサミだと言っていた。

コシアブラの冬芽

頂芽は緑がかった褐色の芽鱗に覆われた鱗芽である。春にこれが成長した若芽は山菜として人気がある。鱗芽の下の葉痕はV字状で、横に維管束の痕が並んでいる。

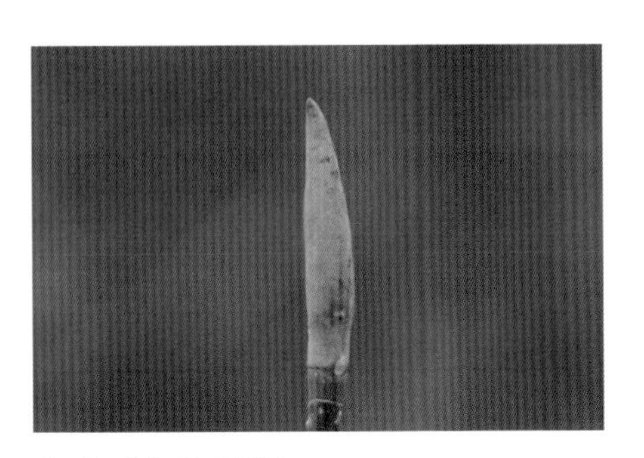

ホオノキの冬芽

日本最大の冬芽で、大きいものは5cmに達する。皮のコートのような芽鱗で覆われる鱗芽である。ホオノキの冬芽には、葉芽と、花芽と葉芽が一緒になった混芽とがあるが、これは葉芽で、中には銀色の毛で包まれた幼葉がおさまっている。

ミヤマガマズミの冬芽

丸い形の冬芽は芽鱗をもつ鱗芽の一種であるが、芽鱗は2対ある。外側の1対の芽鱗は小さく、内側の芽鱗には白い毛が生えている。

マルバマンサクの冬芽

芽鱗に包まれた鱗芽の一種であるが、葉芽と花芽が隣り合わせになっている。細い紡錘形は葉芽で、下向きで球形のものが花芽。マンサクの仲間は、葉が展開する前に花が咲く。

ミズナラの冬芽

20枚位の芽鱗で覆われた鱗芽の一種で、外観は、は虫類のうろこ状の皮膚をおもわせる。ミズナラの冬芽も葉芽と混芽がある。

オオバクロモジの冬芽

長い紡錘形の冬芽は葉芽で2～4枚の芽鱗からなる鱗芽。両脇の2個の球形の冬芽は花芽。冬芽の形成は、冬直前ではなく、かなり前から準備している。

ツノハシバミの冬芽

枯れた角状の果実が枝先に残っている。これがなかったら、本種とは判断しにくい。小豆色の鱗芽には、葉芽と混芽とがある。

ウリハダカエデの冬芽

カエデ類の葉は対生につく。冬の枝を見ても、葉芽は対生。芽鱗は２対あり、色は紅色～紫がかった紅色。頂芽の大きさは７～13mmで２個の側芽を従える。

コバノトネリコの冬芽

大きな１個の頂芽とその脇に２個の側芽が並んでいる。頂芽は２～４枚の芽鱗からなる鱗芽の一種。よく見ると、粗い毛が生えている。

トチノキの冬芽

トチノキの冬芽の特徴は、触るとねばねばする樹脂によって芽全体が覆われていること。これは、乾燥からの保護とか虫などから芽を守る働きをしていると考えられている。

タラノキの冬芽

頂芽の形は円錐形で、側芽が小さく目立たない。春にこの頂芽が大きく成長すると、人気のタラノメになる。頂芽をとっても、これまで小さかった側芽が伸びる。山菜を知る人は、この側芽からの若芽は取らない。

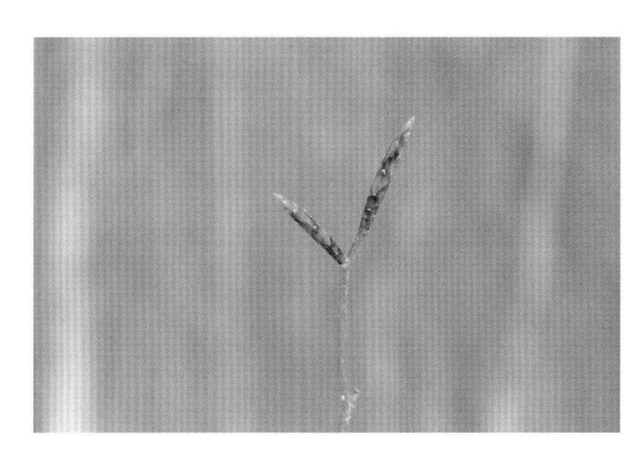

ブナの冬芽

冬芽は 1 〜 3cm のすっと伸びた鱗芽の一種。葉芽と混芽とができるが、開く時期が異なる。葉芽は早く、それから少し経過してから混芽が開く。

ミズキの枝

1 月 15 日は小正月で、正月ほどではないが、祝う習わしがある。小正月には、男たちは山に行ってミズキの赤い枝を切ってくる。これに、子供たちが団子を刺したり、小判をぶら下げたりして飾った。現在は、このような小正月のお祝いはしないらしい。

冬を生きる動物

雪国の厳しい冬を生き物はどうやって過ごすのだろうか。植物は、葉を落とす方法をとった。昆虫などの動物はどのようにして乗りこえているのだろう。その姿を少し見てみよう。

上はカマキリの卵鞘である。ふれてみると、麩菓子を触っている感じで、硬くはない。外の冷たい空気から守られるように卵が入っている。カマキリは卵で冬を乗り切る。

キタキチョウ（北黄蝶）

２月だというのに、キタキチョウは成虫で冬を乗り切ろうとしている。このほかにも、成虫で冬を越す蝶には、ヒメアカタテハやシータテハがいる。彼らは、春になると、日当たりのよい場所を飛び始める。

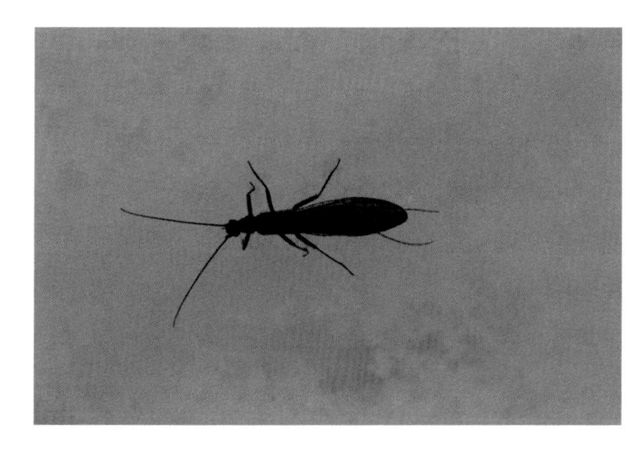

クロカワゲラ（黒川螻蛄）の一種

まだ雪が残る愛宕山を登っていたとき、雪の上を歩くムシを見つけた。こんな時期に昆虫がいるとは、不思議におもって調べてみると、雪が残る時期に出現するカワゲラの仲間であることがわかった。このような雪の時期に出現するカワゲラの仲間にセッケイカワゲラがいる。どちらも飛ぶことはないらしい。

イラガ（刺蛾）の繭

葉を落とした枝に、1cmくらいの鳥の卵のようなものを見つけた。イラガの繭だ。繭というとカイコの繭など軟らかいイメージがあるが、この繭はカルシウムを含みかなり硬い。幼虫はこの中で冬を越す。冬は細胞の代謝はかなり低下するとおもうが、呼吸のための空気はどうしているのだろう。

ウスタビガ（薄手火蛾）の繭

ウスタビガの生活史を調べてみると、卵で冬を越すとあるので、これは成虫が巣立った後に繭だけが残った。終齢幼虫はこの繭の中で蛹となり、やがて羽化する。

クスサン（樟蚕）の繭

クスサンもウスタビガ同様、卵で冬を越すので、これは成虫が羽化した後に残ったものと思われる。細い糸を撚りあわせて太くした糸で繭をつくるが、かなりの隙間が見られる。スカシダワラと呼ぶ地方もある。

Column

地衣類に見られる共生関係

地衣類と聞いただけでは、具体的にどのような生き物であるかをイメージできる人は少ないようにおもわれる。安土桃山時代に活躍した狩野永徳の屏風図に「檜図屏風」があるが、その老いた木の樹皮に見られる「かさぶた状」のものが地衣類の一種である。この絵からは種名まで判断できないが、大型の葉状地衣類の一種のウメノキゴケかナミガタウメノキゴケなどであろう。また、正月に飾る松には、その樹皮にウメノキゴケが接着剤で人為的に付けられ値段が少し高めで売られたりしている。まことに、我々の生活にはあまりなじみがない生き物である。しかし、都会の街路樹やコンクリートの表面をじっくりと観察すると実に多くの地衣類を見つけることができる。たとえば、ケヤキの樹皮にはコナロゼットチイやロウソクゴケが見られるし、古いコンクリートの表面には、ツブダイダイゴケやイワミドリゴケ、ナメラクロムカデゴケが見られる。さらに、桜の樹皮を入念に探せばナミガタウメノキゴケなどの大型の葉状地衣類を見つけることができるかもしれない。

地衣類をカミソリで薄く切り、400倍程度に顕微鏡で拡大してみよう。すると、緑色をした藻類と白い糸状のものからなることがわかる。地衣類は一つの個体が系統的に全く異なる２種類の生物から成る複合生物なのである。独立栄養生物である藻類は光合成産物を菌類に提供し、菌類は藻類に生活の場を与えている。これら２種の生物の関係を共生関係と呼ぶ。藻類は菌類と共生することで、石や樹皮さらに土壌にしっかりと固定され、多少の雨などでは流されることはない。両者にとってwin-winの関係なのである。

※参考文献：大村嘉人著『街なかの地衣類ハンドブック』文一総合出版

Column

米沢周辺の山地で見られた地衣類

コアカミゴケ

カラクサゴケ

ヘラガタカブトゴケ

バンダイキノリ

Column

地衣類の名前の話

新しく生物が発見されると、発見者は世界共通の名前をつける。その名前が学名である。学名は属名と種小名からなり、ラテン語で記述されている。また、日本ならば和名が与えられることが多い。地衣類の一種のアカウラヤイトゴケの学名は *Solorina crosea* という。和名の意味は、アカウラは裏面が赤いという意味で、また、ヤイトは地衣体表面の子器がお灸の痕に似ていることに由来する。このアカウラヤイトゴケの英名は Orange chocolate chip lichen という。なんともおいしそうな名前である。子器を見て、日本の研究はお灸を連想し、アメリカの研究者はチョコ菓子を連想する。同じ学名をもつ種であっても、研究者によって変わるのは興味あることである。

ところで、学名はラテン語で標記されるが、ラテン語辞典を引いて、学名を調べてみると、その地衣類の特徴が知れて興味深い。例えば、ウメノキゴケは *Parmotrema tinctorum* であるが、*tinctorum* を羅和辞典で調べると染色に使われるという意味であることがわかる。ウメノキゴケはアンモニア液で発酵させると赤い染料が得られ、これが羊毛の染色に使われていた。このような理由から *tinctorum* という名が与えられた訳である。さらにもう一つの例を紹介しよう。和名はキンブチゴケという。学名は *Pseudocyphellaria aurata*。種小名の *aurata* とは金の意味である。キンブチゴケの地衣体の縁は黄色の粉芽がたくさん形成され、金色に見える。化学の授業で金の元素記号は Au と習うが、これが由来である。

あとがきにかえて

1960年頃の映像だろうか、当時の多摩川の姿がテレビで放送されていた。合成洗剤によって泡だった水、水に浮く魚の死骸が当時の汚染の状況を物語っていた。しかし、現在、その川は、アユが遡上するまでにみごとに回復した。その理由の一つは、河川に汚染した水を流してはいけないという法律ができたことと、各家庭から出た排水を下水として処理する施設が整備されたためだ。法と施設、この二つが汚染の改善に大きく寄与した。

首都圏を離れて、地方ではどのような環境の変化があったのだろうか。1989年頃といえば、日本がバブル景気で浮かれていた時期である。そのマネーは行き場を失い、地方にどんどん流れていった。そこで目をつけられたのが、スキー場開発やそれに伴うリゾートマンションの建設であった。森は切り開かれスキー場となり、多くの生き物はその住む場所を追われた。米沢の周辺でも同じようなことが起きた。車で、国道121号線を福島方面に行く途中、道の駅手前を右折すると、夏はゴルフ場、冬はスキー場となる大きな施設が見えてくる。それに伴う大きな宿泊施設にも驚いた。しかし、現在は廃業し、訪れるひともおらず、リゾートマンションがまるで墓標のように建っている。スキー場の後は、もとの森林にもどす作業はなされず、広大な太陽光発電所となり、たくさんのパネルが、斜面を埋め尽くしている。ここでも、多くの生き物が住む居場所を失ったことだろう。

この本は、私が、自転車で米沢周辺の森を訪ね、行く途中や森のなかで目にとまった植物や動物を写真に収めたものであるが、これまでにないたくさんの出会いがあった。八谷の森ではブナの大木に感動し、大荒沢のムラサキヤシオの赤紫色に目を奪われ、胎之沢の林道で見つけたアケボノソウの花弁を見て、名前の由来に納得した。口田沢では青いホタルカズラの花が点々と咲く姿に心を奪われ、初夏、大荒沢の林道でツキノワグマと遭遇したときには心臓が止まるかとおもった。

未来を担う子供たちがおとなになる頃、これらはどうなっているのだろう。願わくば、同じ場所にひっそりと残っていてほしい。「はじめに」において書いたことの繰り返しになるが、子供たちには、これまで以上に自然に対する豊かな感性・イマジネーションを持ち続けてほしい。その豊かな感性やイマジネーションは、これから益々重要になってくるだろう地球環境問題に対して自分がどのように考え、どのように行動するかの基となるからである。

最後になるが、新潟に住む富永弘君（本文中ではT君となっている）の助力がなかったら、この本を完成させることはできなかったとおもっている。この場を借りて感謝申し上げる。また、この本は子供たちに送る最初の招待状である。2通目が完成したときには再び、送らせて頂きたい。

令和3年初夏

著者

参考文献

岩月善之助編『日本の野生植物』平凡社

西口親雄著『森のシナリオ』八坂書房

西口親雄著『アマチュア森林学のすすめ』八坂書房

西口親雄著『森の動物・昆虫学のすすめ』八坂書房

安原修次著『米沢の花』ほおずき書籍

野草検索図鑑編集委員会編『野草検索図鑑』学習研究社

索引

著者略歴

近　芳明（こん よしあき）

1955年生まれ
新潟大学理学部修士課程修了後
39年間東京都の理科教員として教壇に立つ
在職中に、千葉大学より博士（学術）の学位を授与される
現在、東京都の実習支援専門員として勤務
地衣類研究会所属
地衣類の共生関係に興味をもつ
「見えてきた菌と藻の共生メカニズム」「教材としての地衣類」などの論文の他に、
著書として『暮らしの科学　―50の実験―』（風詠社）がある

森への招待状　米沢周辺で撮影した生き物たち

2021年11月30日　第1刷発行

著　者　近　芳明
発行人　大杉　剛
発行所　株式会社 風詠社
〒553-0001 大阪市福島区海老江5-2-2
大拓ビル5-7階
TEL 06（6136）8657 https://fueisha.com/
発売元　株式会社 星雲社
（共同出版社・流通責任出版社）
〒112-0005 東京都文京区水道1-3-30
TEL 03（3868）3275
装幀　2DAY
印刷・製本　シナノ印刷株式会社

ISBN978-4-434-29769-4 C0045